ESSAI

SUR LE

RÉGIME DES EAUX

NAVIGABLES ET NON-NAVIGABLES

SOUS LE DOUBLE POINT DE VUE THÉORIQUE ET PRATIQUE,

PAR

CHAUVEAU ADOLPHE,

Professeur de Droit administratif, avocat, auteur des *Principes de compétence, de juridiction* et du *Code d'Instruction administrative*, rédacteur du *Journal du Droit administratif*, etc., etc., membre de la Légion-d'Honneur.

TOULOUSE,
CHEZ GIMET, LIBRAIRE-ÉDITEUR,
RUE DES BALANCES, 66.
PARIS,
CHEZ DURAND, LIBRAIRE,
RUE DES GRÈS, 7.

—

1859.

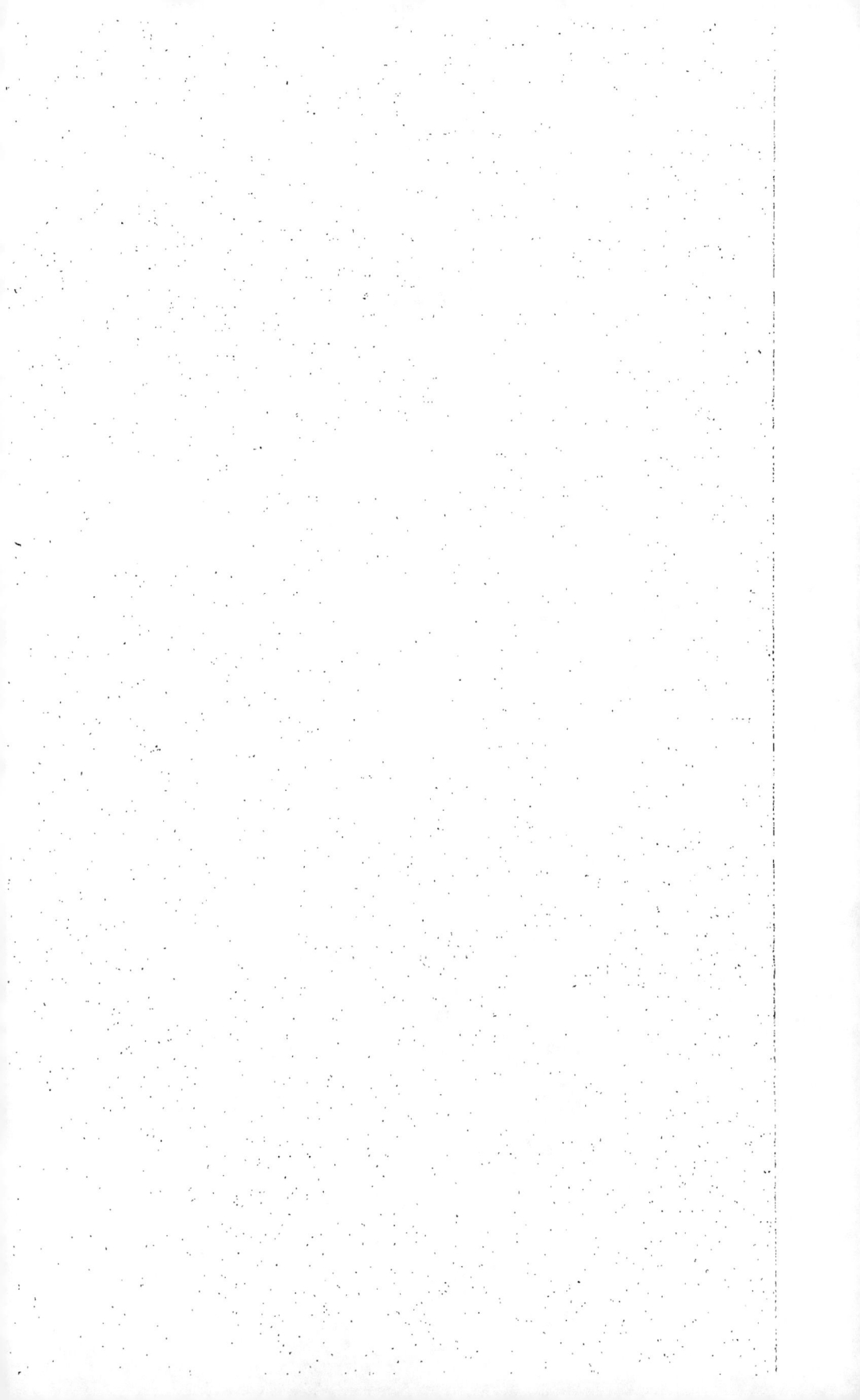

ESSAI

SUR LE

RÉGIME DES EAUX

NAVIGABLES ET NON NAVIGABLES

SOUS LE DOUBLE POINT DE VUE THÉORIQUE ET PRATIQUE,

PAR

CHAUVEAU ADOLPHE,

Professeur de Droit administratif, avocat, auteur des *Principes de compétence, de juridiction* et du *Code d'Instruction administrative*, rédacteur du *Journal du Droit administratif*, etc., etc., membre de la Légion-d'Honneur.

TOULOUSE,
CHEZ GIMET, LIBRAIRE-ÉDITEUR,
RUE DES BALANCES, 66.
PARIS,
CHEZ DURAND, LIBRAIRE,
RUE DES GRÈS, 7.

—

1859.

J'ai publié la majeure partie de ce travail dans le *Journal du droit administratif* de 1858.

Mon intention n'a été de faire ni un *traité*, ni un *commentaire*; c'est un *essai* sous le double point de vue pratique et théorique. La *matière des eaux* est à l'étude. Que chacun contrôle mes opinions et mes idées, et mon but sera atteint.

Plus tard, si le Corps législatif adopte quelques lois nouvelles, j'en publierai le commentaire. Je profiterai alors des observations critiques qui m'auront été transmises. Je prends l'engagement de ne considérer l'essai de 1859 que comme la *première livraison* d'un travail complet sur la législation des eaux.

OBSERVATIONS PRÉLIMINAIRES.

———

A toutes les époques (1), sous tous les gouvernements, le pouvoir exécutif s'est vivement préoccupé des
cours d'eau qui sillonnent la France. *Dangers et bienfaits*, ces deux expressions semblent contradictoires et

(1) En 1802, sous le ministère de M. CHAPTAL, sénateur, une commission fut nommée pour préparer un projet de Code rural. Une série
de questions fut adressée à tous les hommes sages et éclairés de l'empire;
les réponses fournirent des matériaux précieux; la commission se proposa de ne jamais perdre de vue le *principe fondamental :* « Qu'il est du
« devoir rigoureux de tout législateur de maintenir le propriétaire dans
« toute l'indépendance et la liberté de jouissance compatible avec l'inté-
« rêt général, et qu'il n'a le droit d'exiger de lui des sacrifices qu'au-
« tant qu'ils sont nécessaires pour assurer un plus grand bien dans la so-
« ciété. » Un projet fut rédigé par des hommes d'élite qui comprirent
dans leur travail un chapitre spécial sur *les cours d'eau* (art. 42 à 74).

Ce projet et ses motifs furent soumis, par décret du 19 mai 1808, à
des commissions consultatives formées dans le chef-lieu de chaque Cour
impériale. Cette commission, présidée par le préfet du département, fut
composée du procureur général, de trois conseillers, du président, ou du
procureur impérial du chef-lieu, de deux ou trois membres pris dans les
Conseils généraux de département du ressort, de deux juges de paix avec
adjonction, au gré du préfet, d'un ou plusieurs cultivateurs ou membres
des sociétés d'agriculture.

Par arrêtés de MM. le comte CRETET et le comte MONTALIVET, ministres de l'intérieur, M. DEVERNEILH, ancien préfet de la Corrèze et

cependant résument pour les riverains les conséquences du voisinage des fleuves et des rivières.

Vouloir emprisonner dans des digues dites *insubmer-
sibles* les cours d'eau devenus des torrents dévastateurs,
c'est une chimère qu'une haute sagesse a réduite au
néant (1). Diriger les cours d'eau, tempérer leur impétuosité destructive, tel est le but que recherche avec
ardeur le gouvernement, sous l'impulsion d'une lettre
admirable de simplicité, de vérité, de science et de
fermeté. Le Corps législatif a voté la loi du 28 mai 1858
relative aux mesures à prendre pour prévenir *l'inondation des grandes villes*. En 1859, je n'en doute pas,
le pays en obtiendra le complément, et on règlera la
nature des travaux concernant ce qui dans l'exposé des
motifs a été désigné sous l'expression *inondations rurales*. Cette partie de la législation des cours d'eau tom-

du Montblanc, député de la Dordogne, fut chargé du soin de faire imprimer les observations des commissions consultatives, d'analyser ces
observations, et de préparer une révision du projet de Code rural dans le
sens le plus généralement adopté par les commissions, ou d'après les
principes indiqués sur chaque matière. Des observations particulières
avaient également été envoyées par des hommes spéciaux. M. DEVER-
NEILH dut les prendre en considération. Il publia intégralement un travail très-intéressant qui avait été adressé au gouvernement par un agro-
nome des Pyrénées-Orientales ; et pour répondre à la haute confiance
dont il avait été honoré, il rédigea un nouveau projet de Code rural
sous lequel il groupa tout ce qui avait été dit sur chaque disposition du
projet primitif.

Ces importants matériaux, qui prouvent le désir qu'éprouvait le gou-
nement impérial d'arriver à une véritable amélioration du droit rural,
devront être consultés par tous ceux qui voudront continuer l'œuvre de
cette codification. Ils forment quatre volumes in-4° de l'Imprimerie impériale. Le dernier volume n'a paru qu'en 1814.

(1) Voy. *Journal du droit administratif*, t. 4, p. 470, art. 189.

bait dans le domaine de la science pure. Au talent de nos ingénieurs il appartenait surtout de comprendre et de féconder la pensée de l'EMPEREUR. Sur un plan inférieur, digne de tout notre intérêt, vient se préparer la partie du projet de Code rural présenté par le Sénat sur l'usage des eaux navigables et non navigables (1).

(1) Voyez le texte du rapport de M. CASABIANCA, dans les *Moniteurs* des 23 et 24 août 1857, n° 235 et 236. Le sénat a compris les *eaux* dans un projet général de *Code rural*. Un Code rural présente de si grandes difficultés de rédaction qu'il est à craindre d'en voir la préparation éloignée peut-être encore de plusieurs années. Depuis 1808, il s'est écoulé un demi-siècle sans qu'on pût s'entendre sur les bases de ce Code. On en a détaché la *pêche fluviale*, les *lois sur la chasse*, et les *chemins vicinaux*. — Pourquoi n'en détacherait-on pas encore une loi sur le *régime des eaux*, loi si vivement sollicitée par tous les Conseils généraux qui ont ait ressortir tant de fois combien cette loi serait utile à l'industrie et à l'agriculture? La France est habituée à voir les nations civilisées imiter ses codes immortels. — Cependant les peuples qui nous entourent jouissent d'une législation sur les eaux, et nous, nous la désirons..... « une bonne loi sur les cours d'eau non navigables qui spécifierait « nettement, en les étendant, les pouvoirs de l'administration en cette « matière et qui placerait la répression des contraventions les concernant « sous la juridiction des Conseils de préfecture, contribuerait plus encore « au développement de la richesse sociale que ne l'a fait la loi sur les « chemins vicinaux. L'eau courante, qui est un si grand élément de « richesse, est non-seulement perdue en France pour la plus grande par- « tie, mais elle est souvent une cause d'inondation et de ravage. L'in- « strument législatif bien manié sur ce point, pourrait changer radicale- « ment une portion notable de notre territoire. » (SERRIGNY , *questions du Droit administratif*, p. 497.) Dans un langage imagé et tout scientifique, le savant professeur, M. Babinet, a développé la même pensée qu'il résume en ces termes : « A part les contrées dénudées et dépeuplées par le séjour de populations imprévoyantes, on peut distinguer deux sortes de rapports entre le pays et la population qui l'occupe. Dans les populations faibles et clairsemées, la nature domine l'homme, et les travaux de celui-ci ne sont pas

Depuis un demi-siècle, la législation est restée incomplète, obscure et désespérante trop souvent, pour
le fonctionnaire public, le riverain, le jurisconsulte,
le magistrat. Le Sénat a donc bien compris sa haute
et noble mission en soumettant au chef de l'Etat une
proposition sur l'amélioration et la codification de cette
partie importante de nos lois. Si je hasardais une critique, je reprocherais au projet proposé trop de timi-
dité. Il est certaines matières pour lesquelles, sans les
détails, l'idée mère ne peut pas être comprise.

C'est ce qui m'a déterminé à présenter un projet général sur la codification législative touchant le *régime
des eaux.*

Les EAUX comprennent la *mer*, les *fleuves* et *rivières
navigables* et *flottables*, les *rivières* et *ruisseaux non
navigables ni flottables*, les *canaux de navigation et d'ir-*

suffisants pour faire rendre au sol tout ce qu'il pourrait donner sans s'é-
puiser. Dans les populations trop nombreuses, au contraire, on détruit la
fertilité de la terre en lui demandant plus qu'elle ne peut produire. La
France bien aménagée et bien arrosée nourrirait facilement le double
des habitants qu'elle a maintenant. Quelle belle perspective !

« Si l'on disait à un Français : « Votre pays va conquérir un peuple
de 20 millions d'âmes qui ne porteront point votre joug avec peine, qui
parleront votre langue, seront vos amis, vos parents, vos frères, et augmenteront la force et l'influence que votre nation doit à sa bravoure, à
ses lumières et à son souverain, » quel est celui qui ne s'empresserait pas
de demander par quels moyens on pourrait assurer une si heureuse conquête ? La réponse est que ce beau résultat naîtra des reboisements et
des irrigations qui augmenteront rapidement et les produits du sol et la
population qui en subsiste. Pour ajouter à son empire 20 millions de
Français avec la paix et la science et sous un gouvernement soigneux du
bien public, la France n'a qu'à se conquérir elle-même ! (*discours prononcé à la séance des cinq académies du 14 août 1858 sur la sécheresse,
les irrigations et les reboisements.*) »

rigation, les *marais*, les *étangs*, les *rizières*, les *sources* et les *eaux pluviales* (1).

(1) J'emprunte au savant professeur, M. DE GÉRANDO, quelques lignes qui renferment l'exposé le plus substantiel et le plus concis de l'importance de la matière des eaux (t. 2, p. 1, nᵒ 1007 à 1017) :

« La police des eaux embrasse et protége les intérêts les plus nombreux et les plus divers. Elle touche sur plusieurs points, d'un côté au droit public, de l'autre au droit privé.

« Les eaux peuvent être considérées en différents états :

« Ou dans leur immense réservoir, la mer ;

« Ou en mouvement, depuis la source, le ruisseau, jusqu'à la rivière ou au fleuve ; avec un mouvement plus ou moins rapide, régulier, continu ; avec un volume plus ou moins considérable ;

« Ou en repos, dans les bassins, les mares, les étangs, les marais, les lacs.

« Les eaux ont aussi leurs accessoires et leurs dépendances, comme le lit des fleuves et rivières, leurs rivages et ceux de la mer, les îles, bancs, alluvions, le poisson, les coquillages, certaines plantes qui croissent dans leur sein.

« Dans ces différents états, tour-à-tour elles servent à mille usages ; elles peuvent causer des dommages de plusieurs sortes ; elles deviennent une puissance tantôt féconde, tantôt destructive.

« Au premier rang des services qu'elles rendent se montrent les suivants :

« Elles pourvoient à une foule de besoins domestiques ;

« Elles servent l'agriculture, par les irrigations ;

« Les communications et les transports, par le flottage et la navigation ;

« L'industrie, par l'emploi de la force motrice ;

« Elles fournissent, par le poisson, un approvisionnement de subsistances, et deviennent le théâtre de la pêche.

« Au premier rang des dommages qu'elles peuvent causer se montrent les suivants :

« Elles peuvent, dans leur cours, inonder leurs rivages, enlever une portion du sol ;

« En repos, elles peuvent devenir une cause d'insalubrité par leurs exhalaisons, frapper de stérilité la terre qu'elles couvrent ;

« Quelquefois elles opposent un obstacle à franchir.

« A l'œuvre de la nature vient se joindre celle de l'homme, pour

Dans un traité, on conçoit qu'un auteur examine ces diverses modalisations du sujet principal, et parle

étendre les services des eaux, ou pour prévenir, réparer leurs dommages.

« L'art amène les eaux et les retient sur les points où leur présence est utile ;

« Il les déverse dans les fontaines ;

« Il conserve par le curage la liberté de leurs cours;

« Il perfectionne la navigation naturelle ; il crée une navigation nouvelle par les canaux ;

« Il creuse les ports et les gares ;

« Il dirige, accélère, suspend, contient le mouvement des eaux, par les quais, les digues, les barrages, les déversoirs;

« Il délivre le sol par le dessèchement des marais qui l'occupent ;

« En élevant les ponts, en construisant les bacs, il continue les voies de terre au-dessus ou au travers des eaux courantes ;

« Il en facilite l'accès pour les usages de tous genres ;

« En un mot, il étend et multiplie les bienfaits des eaux, et défend contre leurs ravages.

« Plusieurs branches d'industrie se rattachent directement aux eaux : la navigation, les professions qui lui sont relatives, comme la construction et l'équipement des navires et bateaux, la pêche et une classe entière d'*usines*, celle à laquelle les cours d'eau prêtent une force motrice.

« Une grande partie des eaux n'entre pas dans le domaine de la propriété, mais reste dans la catégorie des choses qui n'appartiennent à personne, et dont l'usage est commun à tous ;

« Une partie dépend du domaine public ;

« Une partie entre plus ou moins dans le domaine privé.

« La jouissance des eaux est ou générale, libre, ou conditionnelle, ou privative.

« Veiller et pourvoir aux intérêts généraux qui viennent d'être indiqués;

« Protéger les droits de propriété ;

« Concourir aux bienfaits de la nature et aux opérations de l'art, en secondant leur action et maintenant leurs effets;

« Distribuer et régler les jouissances communes;

« Tels sont les principaux objets confiés en cette matière à l'administration publique, et qui servent de but général à la police des eaux. »

aussi de tout ce qui concerne les *lais et relais*, la *navigation*, le *flottage*, les *dessèchements*, la *pêche*, le *drainage*, etc.

On sait que la législation est codifiée sur certaines de ces parties spéciales, notamment pour le *dessèchement des marais*, la *pêche fluviale*, etc. Les questions qui se rattachent aux sources naturelles et artificielles sont régies par les règles du droit commun. Les esprits, à l'étranger comme en France, ne sont préoccupés que des dispositions à adapter au *régime des cours d'eau*. Il faut même reconnaître, qu'en France du moins, les difficultés sérieuses ne surgissent qu'en ce qui concerne les *rivières et ruisseaux non navigables ni flottables*.

Je devais poser des bornes à un travail qui n'est pas un livre, mais un article de journal.

Ces considérations m'ont déterminé à traiter le grand sujet des EAUX d'une manière restreinte aux *cours d'eau naturels, navigables et flottables, non navigables ni flottables*.

Certes, la matière est assez vaste, et j'ai besoin de toute l'indulgence de mes lecteurs, auxquels je demande grâce pour la forme un peu hâtive, en leur offrant le résultat de mes méditations.

Tout le monde reconnaît qu'il n'existe pas de *législation* sur les EAUX (1). A peine quelques instructions,

_____

(1) Le Code Napoléon a considéré les eaux sous un point de vue très-restreint, ce qui a fait dire à M. DAVIEL, *préface*, p. II : « Les intérêts se sont trouvés à la gêne dans le cadre étroit que le législateur de 1804 avait tracé en quelques articles, à ce sujet si fécond, et le mouvement social a forcé la jurisprudence à s'élargir. »

quelques circulaires, une doctrine incertaine, une jurisprudence arbitraire, tels sont les seuls éléments qu'il soit
possible de consulter pour tenter une codification (1).

(1) Aucune matière administrative n'a produit de plus amples et de
plus intéressants commentaires. Il m'a paru utile de donner les indications bibliographiques qu'on va lire :

Tous les auteurs qui ont écrit sur le droit ont parlé des *eaux*:
MM. DE CORMENIN, *Questions de droit administratif;* DE GÉRANDO,
Institutes administratives; PROUDHON, *Traité du domaine public;* FOU-
CARD, *Traité du droit administratif;* SERRIGNY, *Traité de l'organisation et de la compétence en matière administrative et questions de droit
administratif;* CABANTOUS, *Répétitions écrites sur le droit administratif;* MERLIN, FAVARD DE LANGLADE, *Répertoires;* LERAT DE MAGNI-
TOT et HUART DELAMARRE, BLANCHE et BLOCK, *Dictionnaires ou répertoires du droit administratif;* DALLOZ, dans la nouvelle édition de
son grand ouvrage, le DICTIONNAIRE OU RÉPERTOIRE du *Journal du
Palais* et le SUPPLÉMENT de ce répertoire; COTELLE, *Traité du droit
administratif appliqué aux travaux publics;* JOUSSELIN et FERAUD-
GÉRAUD, *Traités des servitudes légales ou de voirie,* ont consacré à cette
matière des chapitres ou des articles spéciaux plus ou moins longs sous la
rubrique d'*eaux,* ou *cours d'eaux,* ou *régime des eaux,* etc., etc.

M. DUFOUR, a détaché, de son *Traité général,* 2e édition, un volume entier sur les *cours d'eaux.*

Les deux ouvrages les plus considérables sont : 1o le plus ancien, celui
de M. GARNIER, *ancien avocat au Conseil d'Etat,* intitulé : *Régime des
eaux,* dont la troisième et dernière édition a été publiée, en 1842, en
quatre volumes, avec un supplément de 1851 ; 2o celui de M. DAVIEL,
ancien procureur général à la Cour de Rouen, intitulé : *Traité de la
législation et de la pratique des cours d'eau,* précédé d'un glossaire spécial des termes techniques de la matière, dont la troisième et dernière
édition a paru, en 1845, en trois volumes.

On peut consulter, avec beaucoup de fruit, l'ouvrage de M. DU-
BREUIL, ancien assesseur d'Aix, procureur du pays de Provence, nouvelle édition mise en rapport avec le dernier état de la jurisprudence,
par MM. TARDIF et COHEN, avec des notes de M. ESTRANGIN et une no-
tice de M. GIRAUD, intitulé : *Analyse raisonnée de la législation sur
les eaux,* publié en 1842, en 2 volumes grand in-8o ; — le *Traité du*

Mon intention n'était pas toutefois de faire un travail purement spéculatif ; car, quand paraîtra cette

droit d'alluvion de l'honorable ancien président du Tribunal d'Auxerre , M. CHARDON ; — le *Traité des cours d'eau* , par Benoît RATTIER.

M. NADAUD DE BUFFON , dans son grand ouvrage en 4 volumes, a considéré la matière des eaux sous le rapport spécial des usines et des concessions.

MM. DUMONT ont publié , en 1846 , un ouvrage intéressant sous le triple point de vue de *l'endiguement*, de l'*irrigation* et du *dessèchement*.

Quatre volumes in-4º, imprimés à l'Imprimerie impériale, consacrés au *projet de Code rural* de 1808 et aux *observations des commissions consultatives*, renferment tous les documents de l'époque sur la matière des eaux.

M. MIGNERET, ancien préfet de la Haute-Garonne, préfet du Bas-Rhin, a rédigé, en 1848 , sur la demande de M. le ministre du commerce, un article fort intéressant sur *le curage des petits cours d'eau et les changements à introduire dans la législation pour améliorer cette partie de l'administration.* (*Revue administrative* de 1848 , 9e année , 3e série , t. 3 , page 238).

La Cour de Caen a couronné , en 1849 , un mémoire sur *la législation des cours d'eau dans le droit français ancien et dans le droit moderne et les améliorations dont elle serait susceptible.* Ce mémoire, qui est un véritable ouvrage critique bien pensé et bien écrit, a pour auteur M. BORDEAUX, docteur en droit, avocat au barreau d'Evreux. Ce volume a été publié chez M. Delomme, libraire à Paris.

Le gouvernement a fait imprimer , en 1844, à l'Imprimerie impériale, un rapport précieux fait par M. DEMAUNY DE MORNAY, inspecteur général , sur la *pratique et la législation des irrigations dans l'Italie supérieure et dans quelques Etats d'Allemagne.* Une édition privée a paru à la librairie Huzard , à Paris (1).

Dans la *Revue de l'administration* et du *droit administratif* de la Belgique, 1858, p. 65 , a paru un article sur la *révision de la législation sur les cours d'eau non navigables ni flottables* de M. Clément LABYE , ingénieur des ponts-et-chaussées de Belgique. L'auteur rapporte le texte d'un projet , rédigé par une commission spéciale , les observations des

---

(1) On trouve aussi quelques fragments de législation étrangère dans une excellente note de FŒLIX , publiée par CHAMPIONNIÈRE , dans DAVIEL et DUMONT.

loi tant désirée ?... Jusque-là, que de décisions devront
encore être nécessitées par le conflit des intérêts et des
droits, par les besoins, les nécessités de l'industrie et
de l'agriculture!! Mes lecteurs cherchent dans mon
journal autre chose que la théorie, et je leur ai promis
des observations sur la législation et la jurisprudence.

J'ai divisé mon travail en partie pratique, *législation,
jurisprudence et doctrine*, et en partie théorique, *projet
de codification*.

On voudra bien me pardonner l'espèce de présomp-
tion que semble annoncer un projet traduit en articles. Je n'ai pas la prétention de croire que j'offre au
législateur une loi toute prête à être votée..... mais
cette forme m'a paru plus saisissante. Il arrive souvent
que, dans des travaux académiques, une série d'articles fait ressortir les idées de l'auteur. Je m'estimerai

Conseils provinciaux, des ingénieurs, etc., et présente, avec une grande
clarté, ses observations personnelles.

L'honorable et savant secrétaire perpétuel de l'Académie de législation
de Toulouse, M. le conseiller SACAZE, a publié, dans la *Revue critique
de législation*, année 1853, p. 310, une dissertation *sur les cours d'eau
non navigables* (1).

L'ouvrage étranger le plus important et le plus estimé sur le *régime des
eaux* est celui du célèbre professeur italien ROMAGNOSI, intitulé, une
première partie : *Trattato della condotta delle acque;* une seconde partie, *della ragion civile delle acque nella rurale economia, o sia dei di-
ritti legali e convenzionali delle acque in quanto concerne la loro ac-
quisizione, la loro conservazione, il loro uso, il loro commercio e la
loro difesa, si giudiziaria che stragiudiziara nella rurale economia.*

Je reçois, au moment où s'imprime cette note, le premier volume d'un
ouvrage fort curieux de M. Maurice CHAMPION, sur *les inondations en
France depuis le sixième siècle jusqu'à nos jours.*

(1) Si l'on veut connaître les titres des diverses brochures publiées sur ce sujet, on peut
consulter le paragraphe *bibliographie* de l'article *cours d'eau* de M. BLOCK.

heureux si quelques-unes de mes propositions peuvent présenter un véritable caractère d'utilité.

Ce qui a toujours paru fort délicat, c'est le règlement des *compétences judiciaire et administrative, des attributions gracieuses et contentieuses de l'administration.* Voici comment le rapporteur du Sénat s'exprime, tit. V, sous cette rubrique, *de la compétence :*

« Le principe de la séparation ·absolue du pouvoir administratif et du pouvoir judiciaire est l'un des plus essentiels de notre droit politique. Proclamé par la loi du 24 août 1790, il fut encore plus expressément formulé en ces termes dans la loi du 16 fructidor an III :

« Défenses itératives sont faites aux Tribunaux de « connaître des actes d'administration, de quelque « espèce qu'ils soient. »

« Le Conseil d'Etat et la Cour de cassation ont sanctionné ce principe par des décisions nombreuses ; néanmoins, la ligne qui divise les deux pouvoirs est souvent très-difficile à tracer.

« L'autorité administrative a sur les eaux deux sortes d'attributions :

« Par voie de règlement, elle prescrit toutes les mesures qu'exige l'intérêt public ainsi que l'intérêt collectif des propriétaires. Ses fonctions, sous ce premier rapport, sont entièrement distinctes des fonctions judiciaires.

« Mais elle a souvent aussi à prononcer sur les contestations, soit des particuliers entre eux, soit de ceux-ci avec l'Etat. Elle devient alors un véritable tribunal ; elle se constitue en conseil de préfecture. Ici s'élèvent de sérieuses difficultés pour déterminer les différends qui doivent être soumis à cette juridiction spéciale et ceux qui sont du ressort exclusif des Tribunaux ordinaires.

« La loi du 28 pluviôse an VIII, en créant les Conseils de préfecture, a spécifié les objets litigieux dont la connaissance leur est déférée ; elle semblait donc avoir posé les limites dans lesquelles leur action devait être renfermée ; mais la jurisprudence l'a étendue d'une manière presque indéfinie. De là une confusion qu'il est indispensable de faire cesser.

« Nous ne nous dissimulons point combien cette œuvre est difficile. Il faut concilier deux principes également respectables :

« L'indépendance de l'administration, qui doit présider librement à l'exécution de ses propres actes ;

« La garantie de la propriété, qui a toujours été placée sous la sauvegarde de juges inamovibles.

« Nous n'avons à nous préoccuper de ces graves questions que relativement aux eaux, et en cette matière les décisions du Conseil d'Etat sont si nombreuses, et depuis quelques années si homogènes, qu'il suffira presque de rassembler celles contenant des dispositions générales et de les convertir en articles de loi. Le soin de réunir et de coordonner ces éléments nous semble devoir être réservé exclusivement à ce Conseil.

« Le principe dominant, c'est que les Tribunaux doivent statuer sur les rapports des particuliers entre eux et même de ceux-ci avec l'Etat agissant comme propriétaire ; mais toutes les fois que l'intérêt général se trouve mêlé à une contestation même privée, que l'action gouvernementale peut être entravée, la connaissance du litige appartient à la juridiction administrative.

« Il y a lieu également à régler dans quels cas les

áctes administratifs peuvent être attaqués ou devant le Conseil de préfecture ou devant le Conseil d'Etat.

« Quelle source de procès ne fera pas tarir une bonne législation sur la compétence!

« Nous ne nous livrerons pas à de plus grands développements sur le régime des eaux; nous ne devons pas oublier que notre mission nous interdit les détails, qu'elle consiste uniquement à poser les principes de la loi. »

Je regrette que le Sénat, dans lequel siégent tant d'hommes d'élite, n'ait pas posé des principes particuliers aux cours d'eau. Ce qu'on vient de lire ne renferme que des idées générales, dans lesquelles je crois pouvoir même signaler quelques inexactitudes.

Le Sénat paraît considérer les Conseils de préfecture comme les Tribunaux administratifs ordinaires, tandis qu'ils ne sont que des Tribunaux exceptionnels ne pouvant juger que les matières qui leur sont spécialement attribuées par un texte de loi; et on ne peut pas dire que leur juridiction ait été étendue d'une manière presque indéfinie par la jurisprudence, qui a, au contraire, constamment décidé que les Conseils de préfecture n'étaient compétents que pour juger les cas spécialement déterminés par la loi.

Il ne me semble pas non plus conforme aux notions généralement admises, de dire qu'en matière d'*eaux les décisions du Conseil d'Etat sont nombreuses et homogènes, et qu'il suffit presque de rassembler celles contenant les dispositions générales et de les convertir en loi.*

J'éprouverais le plus grand embarras s'il m'était imposé le soin d'extraire, d'une jurisprudence qui a dû nécessairement être vacillante et incertaine, à cause de l'absence de principes généraux et de l'insuffisance de dispositions de lois, des règles capables de concilier tous les intérêts et de renfermer des principes sur la séparation des pouvoirs *en matière d'eaux.*

En 1840 (1), j'ai groupé toutes les décisions, en signalant le vague et l'incertitude qui en résultaient.

Depuis cette époque, les décisions qui ont été rendues n'ont eu pour but que de proscrire le recours contentieux contre les actes de l'administration en matière d'eaux non navigables ni flottables. Et c'est précisément cette tendance, confirmée par le décret de décentralisation du 25 mars 1852, qui devrait être complètement modifiée, pour rentrer dans les quelques principes généraux reconnus par le Sénat au commencement du passage qu'on vient de lire.

Tout est donc à faire sous ce rapport.

Si j'ai pris la plume, c'est qu'une expérience de plus de trente années théorique et pratique m'a convaincu de l'absence de toute règle, de tout principe, et que je m'étais souvent dit, comme les membres du Sénat :

« QUELLES SOURCES DE PROCÈS NE FERAIT PAS TARIR « une bonne législation sur la compétence !.... »

Une des plus graves questions de la matière des eaux est celle qui concerne la propriété des cours d'eau non navigables ni flottables. Il appartient au législateur de poser des règles fixes qui feront disparaître les oscillations de la jurisprudence et de la doctrine (2).

---

(1) *Principes de compétence*, t. 2, p. 58, no 118.

(2) Je ne puis admettre les raisonnements présentés en Belgique

J'ai toujours pensé qu'un système absolu était impossible et que les règles concernant le régime des eaux navigables n'étaient pas applicables aux eaux non navigables (1).

C'est en conciliant les intérêts divers qu'on peut parvenir à formuler des dispositions acceptables.

Tout a été dit sur cette question; on a même écrit des volumes pour établir chacune des opinions. Les trésors d'une vaste érudition ont été prodigués dans le livre d'un de mes plus anciens et plus chers collaborateurs, CHAMPIONNIÈRE, qui, sous le titre modeste de la *Propriété des cours d'eau non navigables*, a doté la science du droit du meilleur ouvrage sur les institutions féodales, en concluant à la propriété privée de ces cours d'eau. Le projet de Code rural de 1808 avait adopté cette opinion. Le système contraire a été sou-

---

(p. 86), pour dénier même au pouvoir législatif le droit de trancher cette question; ce serait, dit-on, inconstitutionnel, parce que la propriété serait alors sacrifiée sans indemnité préalable. — Mais la question est précisément de savoir si les cours d'eau non navigables sont la propriété des riverains. Ainsi, comme on le verra au chapitre 2 du livre 2, je crois que tous les intérêts peuvent se concilier sans attribution de propriété d'une manière expresse à qui que ce soit. Je sais tout ce que les juristes puritains objecteront contre cette théorie qu'ils qualifieront sans doute de système bâtard. Toute chose doit avoir un maître, diront-ils, *public* ou *privé*. Je pourrais emprunter une réponse aux anciens principes sur les domaines *éminent* et *utile* ; mais je me contente de faire observer que rien dans notre législation ne défend de créer une propriété, reflétant tour-à-tour les caractères divers de jouissance individuelle, de jouissance commune, d'appropriation privée, de servitudes d'intérêt public, une propriété enfin *sui generis* qui ressemblerait tantôt au domaine public, tantôt au domaine privé, mais qui ne serait jamais exclusivement l'un ou l'autre.

(1) *Principes de compétence*, t. 1er, p. 34, no 117.

tenu, en 1843, par M. le conseiller RIVES avec une science profonde. Son exposition est large et savante. Tous les auteurs ont consacré à cette difficulté un long chapitre (1).

Qu'il me suffise de faire remarquer qu'en définitive, la solution a perdu beaucoup de son intérêt, parce que personne ne conteste plus à l'administration le droit de règlementation de la jouissance des eaux.

Toutefois, en présence des doutes sérieux qui se sont élevés, il me paraîtrait injuste de mettre sur la même ligne la jouissance des cours d'eau navigables et non navigables, et je ne dois pas dissimuler que ce qui m'a déterminé à accorder aux riverains des cours d'eau non navigables les garanties du *contentieux* les plus étendues, c'est la position faite par le Code Napoléon lui-même à ces riverains, et l'impossibilité de classer ces cours d'eau d'une manière absolue dans le domaine public.

M. MIGNERET emprunte au *Code sarde*, art. 552 et 553, des dispositions (2) que je ne crois pas nécessaires ; je

_____

(1) LE RAPPORT DU SÉNAT (*Moniteur* du 23 août 1857, nº 235, p. 932), résume, sans conclure, l'état de la jurisprudence et de la doctrine et déclare que, « quel que soit des deux systèmes celui qui obtienne « la préférence, il est urgent que le législateur manifeste sa volonté sou- « veraine pour faire cesser cette situation ambiguë aussi embarrassante « pour l'administration que pour les particuliers. »

(2) Dont voici le texte : « Lorsque dans un fonds, les rives ou les digues servant à contenir les eaux sont détruites ou abattues ou que le régime des eaux nécessite quelques ouvrages défensifs, si le propriétaire des fonds ne répare pas ou ne rétablit point les rives ou digues, s'il ne fait pas les constructions nécessaires, ou s'il obstrue le cours de l'eau par des travaux, ceux qui en éprouveront du dommage ou un danger im—

les crois même dangéreuses, ou plutôt grosses d'inconvénients. Elles armeraient les individus d'un droit qui
contrarierait l'action administrative ; il ne faut pas sup-
poser une négligence qui pour le passé ne doit être attribuée qu'à l'insuffisance de la législation, mais qui
ne se reproduirait plus, en présence d'un Code complet de la matière. Les *bois et forêts*, les *mines*, la *pêche
fluviale*, les *chemins vicinaux*, etc., en sont une preuve
évidente. La manière dont l'application de ces lois diverses est surveillée par l'administration offre toutes les garanties désirables d'une exécution forte et continue
d'une loi sur le régime des eaux.

Deux systèmes ont été soutenus en ce qui concerne
les *règlements*. Les uns, M. MIGNERET est de ce nombre, disent qu'il y a tant de variétés dans le régime

mense d'en éprouver pourront faire exécuter ces travaux à leurs frais ;
ils ne pourront cependant user de cette faculté qu'autant que le propriétaire n'en éprouvera aucun préjudice.

« Il en sera de même s'il est nécessaire de déblayer les matières dont
l'accumulation ou la chute aurait encombré un fonds ou un cours d'eau
privé, de manière que l'héritage d'autrui en éprouvât ou fût exposé à en
éprouver du dommage.

« L'action à cet égard sera portée devant le juge de paix de la situation des lieux, qui statuera en la forme ordinaire tant sur le droit du
demandeur que sur la part pour laquelle chacune des parties contribuera
aux travaux.

« Néanmoins, ces travaux ne pourront être entrepris qu'avec l'autorisation préalable du préfet. Cette autorisation ne pourra être refusée que
dans le cas où les travaux projetés feraient obstacle à l'exécution de quelque projet d'administration, et elle le sera par un arrêté motivé rendu
dans le mois du dépôt de la demande à la préfecture.

« Tout en accordant l'autorisation, le préfet aura le droit de prescrire
le mode d'après lequel les travaux seront exécutés. »

2

des eaux, tant de droits divers à ménager, qu'en cette matière, plus qu'en matière de voirie vicinale, il est impossible que la loi descende aux règles de détails ; qu'elle doit se borner à poser les principes généraux et laisser à l'expérience de chaque localité le soin de plier l'action administrative à ses besoins particuliers. D'autres, au contraire, M. Clément LABYE partage cette opinion, pensent que de la multiplicité des règlements pour les cours d'eau résultent principalement des lacunes et des imperfections des lois existantes ; que ces lacunes n'existant pas, après le vote d'une loi complète, la confection d'un règlement particulier pour chaque rivière n'aurait plus aucune raison d'être ; que la justesse de cette observation devient palpable, si un article de la loi donne une énumération détaillée de toutes les contraventions qu'on peut commettre sur les cours d'eau et résume ainsi les prescriptions que pourraient contenir des règlements ; qu'il ne faut ni grossir le volume des lois et ordonnances, ni compliquer l'application des lois d'une foule de détails, qu'il est d'autant plus difficile de retenir, qu'ils varient sur des points sans importance.

J'adopte cette dernière manière d'entendre la législation en général, et en particulier, surtout, celle qui doit règlementer le régime des eaux. Je conçois la nécessité d'un règlement pour les chemins vicinaux, règlement qui concerne beaucoup plus l'action gouvernementale et les rapports des agents administratifs entre eux que l'action de l'administration sur les droits privés ; mais il serait malheureux qu'une loi nouvelle sur les cours d'eau fût accusée d'imprévoyance au premier jour, et qu'on dût attendre encore, pour son exécution, des règlements généraux ou partiels. Il est convenable que cette loi s'expérimente à la fois d'une manière uniforme, dans tout le territoire de l'empire. On en apercevra mieux les avantages, les inconvénients, et la tâche du perfectionnement, loi du progrès, sera plus facile pour ceux qui viendront après nous.

Dans l'ouvrage que j'ai indiqué *suprà*, page 8, M. Bordeaux a consacré un chapitre entier à des observations pratiques sur les frais d'ingénieur prélevés sur les riverains. Je n'en parle dans aucun article de mon projet, parce que la loi nouvelle sur les eaux doit, comme celle sur les chemins vicinaux, ne donner lieu à la perception d'aucune taxe, d'aucun impôt, d'aucuns frais pour l'action de surveillance de l'autorité administrative. Ce ne sont pas, d'ailleurs, les ingénieurs des ponts-et-chaussées, appelés à la haute direction des travaux d'intérêt général, qui doivent maintenant entrer dans ces détails *d'autorisations d'usines*, de *règlements d'eaux*, de *concessions de prises d'eaux*, etc., etc. Sur cette partie de l'administration, comme sur toutes les autres concernant les voies de terre et d'eau, le préfet pourra provoquer leur concours; mais le corps des agents-voyers, créés pour les chemins vicinaux, suffira pour tout ce qui concerne la direction du régime ordinaire des eaux. Ces fonctionnaires publics, avec un traitement fixe et des frais de tournée ou de déplacement payés par le trésor public ou départemental, peuvent très-bien s'occuper du service hydraulique, surtout du service hydraulique des cours d'eau non navigables ni flottables. Je n'en dirai pas davantage sur ce sujet, que je regarde comme un des plus importants pour l'application d'une loi fluviale, parce que je ne pourrais pas dire aussi bien que M. Bor-deaux, et qu'il l'a examiné sous toutes ses physiono-mies.

Je me contente de citer une heureuse organisation du service hydraulique dans le département de la Haute-Garonne, organisation que M. le préfet Migne-ret avait déjà expérimentée dans la Sarthe.

Un agent départemental spécial a été créé par arrêté du 16 janvier 1854 (*Recueil des actes de la préfecture*, nᵒ 1573) pour le service hydraulique. Son concours, offert aux propriétaires pour toutes les mesures concer-nant les eaux, est gratuit (art. 6); les indemnités de déplacement sont payées sur les fonds du budget dé-partemental (art. 8) : « Désormais, dit M. le préfet dans la lettre d'envoi aux maires de son arrêté, toute entreprise raisonnable d'irrigation ou de dessèche-ment, c'est-à-dire d'un utile emploi des eaux en agri-culture, est sûre, quelque faible que soit l'étendue du domaine, de rencontrer le concours d'un agent spécial qui fasse gratuitement pour le propriétaire les travaux d'art et les vérifications premières, sans lesquelles la pratique marche au hasard. Les dispositions de mes arrêtés sur la manière de réclamer ce concours, sur les obligations très-peu onéreuses que contracte le pro-priétaire en les réclamant, n'ont, je le pense, besoin ni d'être expliquées ni d'être justifiées. Seulement, je dé-sire qu'il soit bien compris que l'agent départemental, non plus que MM. les ingénieurs du service hydrauli-que, n'ont l'entreprise ou la responsabilité des travaux pour lesquels ils donneront leurs conseils et leur con-cours. C'est au propriétaire à peser lui-même les chances de ses entreprises, à en supporter les inconvénients comme il profitera des avantages; l'administration lui donne son appui, mais ne garantit pas le succès, parce qu'elle ne dispose pas de tous les éléments qui doivent concourir pour l'assurer (1). »

Pour encourager le *drainage*, l'administration a agi avec la même bienveillance et souvent avec générosité. Non-seulement elle a offert le service gratuit de ses agents, mais elle a accordé des primes et elle a fourni des tuyaux pour encourager les propriétaires. L'agriculture et l'industrie ont besoin d'être ainsi favorisées, et je suis convaincu qu'un des moyens les plus utiles, c'est d'exempter les demandes de concessions d'usines, de prises d'eau, etc., de tout paiement d'honoraires aux agents administratifs chargés d'accomplir les formalités préliminaires introduites dans l'intérêt général.

Autre principe de justice qui, suivi en 1849, a disparu par une fausse appréciation de théories concernant l'action administrative. La condamnation aux dépens contre celui qui succombe, en faveur de celui qui triomphe, est de droit naturel. Une bonne législation ne doit jamais obliger un propriétaire à obtenir justice à ses frais. Toutes les fois que les usiniers ou riverains auront à lutter devant les Tribunaux civils ou administratifs, ils devront obtenir le remboursement des dépens, s'ils parviennent à réussir en définitive. J'ai parlé d'une position bien plus délicate, celle où une décision

---

(1) Il s'agirait d'étendre ces sages et prévoyantes dispositions aux formalités concernant les demandes de concessions ou de règlement d'eaux.

administrative inférieure , exécutée provisoirement ,
occasionnerait un préjudice irréparable, après un décret du Conseil d'Etat infirmatif de cette décision. J'ouvre, dans ce cas, la voie à des dommages-intérêts. C'est
encore de toute justice. Il est important de persuader
aux administrés qu'ils trouveront devant l'autorité administrative les mêmes garanties que devant les Tribunaux
civils.

On remarquera que j'accorde compétence aux Tribunaux civils pour les dommages ordinaires occasionnés
par des actes de l'autorité administrative, tandis que
la jurisprudence actuelle n'investit le pouvoir judiciaire
du droit de prononcer qu'autant qu'il y a expropriation
réelle d'une partie quelconque d'un immeuble. J'ai toujours combattu cette jurisprudence, qui est contraire à
l'esprit, au texte de la loi et aux principes, en administration, de Napoléon Ier.

En matière d'usines ou de jouissance des eaux, la
propriété peut être incessamment modifiée par des actes
de l'autorité administrative. Si le riverain ou l'usinier
souffrent un dommage total ou partiel, c'est le cas de
revenir au principe qui est considéré , pour la propriété
immobilière, comme un gage de sécurité.

Qu'on me permette d'émettre un vœu que je généra-
liserais pour toutes les matières qui rentrent dans le
cadre d'un Code rural, *chemins vicinaux, pêche fluviale, chasse, drainage,* etc. Puisque le droit rural
n'est pas enseigné dans les écoles normales primaires,
ce qui serait d'une si grande utilité, qu'au moins il
soit déclaré, dans un article complémentaire du régime

des eaux, que dans toutes les mairies la loi sera tenue à la disposition de chaque habitant pour en prendre connaissance ou copie, autant de fois et quand il le désirera; que les maires seront responsables de la conservation du texte de la loi ; et qu'enfin, sur tous les bulletins des contributions directes que reçoit chaque année le contribuable, il y aura une énonciation formelle de cette faculté de communication.

On m'objectera, peut-être, que *la loi est censée connue de tout le monde.* — A Rome, on apprenait aux enfants la loi des douze tables; chacun pouvait la lire sur la place publique. En France, les plus sages innovations, dues à la précieuse initiative de l'EMPEREUR, les institutions les plus utiles aux intérêts des populations sont ignorées du plus grand nombre. Je pourrais citer des sections de communes où pénètre rarement la connaissance des actes du gouvernement impérial.....

Les lois rurales devraient être affichées chaque année à la porte des *églises.* — Rappelées dans les bulletins annuels des contributions ordinaires ou des prestations vicinales, elles pénètreraient dans l'esprit des habitants de la campagne, et leur exécution deviendrait douce et facile. Tel est du moins mon sentiment.

LIVRE PREMIER.

MESURES D'INTÉRÊT GÉNÉRAL CONTRE LES INONDATIONS ET POUR
L'AMÉLIORATION DES COURS D'EAUX.

LÉGISLATION EXISTANTE.

(Jurisprudence. — Doctrine.)

I. — *Loi relative à l'exécution des travaux destinés à mettre
les villes à l'abri des inondations* (28 mai 1858, BULLETIN
DES LOIS CCCCCCVII, n° 5628, p. 1137, DUVERGIER, 1858,
p. 190).

ART. 1er. Il sera procédé par l'Etat à l'exécution des
travaux (1) destinés à mettre les villes (2) à l'abri des
inondations.

Les départements, les communes et les propriétaires
concourront (3) aux dépenses de ces travaux, dans la
proportion de leur intérêt respectif (4).

(1) M. VUILLEFROY, commissaire du Conseil d'Etat, a déclaré que le
gouvernement comprenait sous ce mot *travaux* la *construction*, l'*entretien* et les *réparations* de tout ce qui serait fait en vertu de la loi nouvelle. C'est donc cette loi qui seule régira désormais la matière et rem-
placera, sous ce rapport, la loi du 16 septembre 1807.

(2) Il résulte de l'exposé des motifs et du rapport que l'expression *villes*
désigne les centres de population.

(3) Ce mot *concourront* ne veut pas dire, comme certaines personnes
l'ont pensé, *paieront en totalité.* L'Etat fait exécuter les travaux qui
sont évidemment d'intérêt général, comme les grandes voies de communication, les mesures de sûreté et de salubrité publiques. Seulement,
la loi permet à l'Etat, qui, comme l'a dit M. VUILLEFROY, fait des
DÉPENSES CONSIDÉRABLES pour exécuter des travaux si utiles aux populations, ce dont la loi elle-même du 28 mai est la preuve, puisqu'elle
affecte une somme de *vingt millions* appartenant à l'Etat pour l'exécution des premiers travaux, de demander une part proportionnelle aux
personnes indiquées.

(4) Rien n'est plus difficile à déterminer que cet *intérêt respectif.* Les-

2. Les travaux seront autorisés par décrets rendus dans la forme des règlements d'administration publique.

Conseils généraux, les Conseils municipaux, a dit M. le commissaire du gouvernement, seront appelés à délibérer et à émettre un vote; ils offriront leur concours avec empressement; mais s'ils refusent, la part à supporter par le département, par la commune sera déterminée par un décret. — Voy., *infrà*, mes observations quant à la répartition entre particuliers. — La loi est muette sur l'importante question de la compétence, qui est toujours le point capital des difficultés en matière administrative. M'appuyant sur des principes que je crois vrais, qui ont été quelquefois reconnus par la doctrine et la jurisprudence, la distinction entre l'*intérêt* et le *droit*, je n'hésite pas à décider que les *départements*, les *communes* et les *propriétaires intéressés* auront le droit de se pourvoir, par le recours contentieux, contre le décret qui, conformément à l'art. 2 de la loi, après l'accomplissement des formalités prescrites par les art. 1 à 11 du décret du 5 août, aura réparti la dépense, car cette répartition est évidemment une des premières opérations les plus importantes devant aboutir à un paiement d'impôt plus ou moins élevé. — Un million doit être dépensé. L'État en prend à sa charge la moitié ; 500,000 fr. devront donc être payés par le département, les communes et les propriétaires intéressés. Que le département ne soit chargé que du paiement d'une somme de 100,000 fr., les communes et les particuliers auront à payer 400,000 fr. Quelles seront ces communes? quels seront les propriétaires *présumés* intéressés, comme le dit le décret de 1858 ?

Ici naturellement s'élèvera le débat le plus grave ; car, selon que le nombre des communes sera plus ou moins élevé, l'impôt individuel sera plus ou moins fort. Le *droit* des personnes morales, *département* et *communes*, des propriétaires *in globo* présumés intéressés, est touché ; donc la matière est contentieuse, donc le recours devant le Conseil d'État, en audience publique, doit être déclaré recevable. — Répèterai-je ici ce que j'ai dit tant de fois, qu'à cette doctrine ne se rattache aucun inconvénient, puisque en définitive c'est l'EMPEREUR encore, c'est le Conseil d'État lui-même auxquels on déférera en définitive l'appréciation de la contestation ? Dira-t-on qu'un décret rendu dans la forme d'un règlement d'administration publique ne peut pas être attaqué devant le Conseil d'État, que c'est ainsi qu'on l'a toujours décidé ? En fait, ce serait

Ces décrets détermineront, pour chaque entreprise, la répartition des dépenses entre l'Etat, les départements, les communes et les propriétaires intéressés.

3. Chaque décret sera précédé d'une enquête dans laquelle les intéressés seront appelés à présenter leurs observations sur le projet de répartition des dépenses.

4. La part de dépense mise à la charge des départements ou des communes sera inscrite au budget départemental ou communal comme dépense obligatoire.

5. La répartition, entre les propriétaires intéressés, de la part de dépense mise à leur charge sera faite conformément aux dispositions de la loi du 16 septembre 1807 (1).

une erreur, car on attaque devant le Conseil d'Etat un décret qui fixe une pension ; mais d'ailleurs, en droit, ce serait mal juger, et il est toujours temps de revenir aux véritables principes, quand il s'agit surtout, *qu'on veuille bien peser cette considération*, quand il s'agit d'un impôt, d'un nouvel impôt, et de mesures de haute administration difficilement appréciées par les populations, malgré leur immense utilité. Qu'on ouvre les deux battants du Conseil d'Etat, et tout le monde y gagnera, l'individu en garantie, l'administration en considération. Si je me permets de parler ainsi, c'est qu'une longue expérience m'a appris bien des choses, m'a révélé des plaintes qui ne sont jamais arrivées jusqu'aux sommités administratives.

(1) Le principe posé par la loi du 28 mai 1858 est d'une incontestable utilité ; mais je regrette vivement que le renvoi à la loi du 16 septembre 1807 ait donné une nouvelle vie, une nouvelle force, une nouvelle autorité à une loi qui, si souvent, a été l'objet des critiques les plus rationnelles (1) de tous ceux qui ont écrit sur le droit administratif. Cette loi, qui semblait destinée à régir le dessèchement des marais, a embrassé les matières les plus variées. Son laconisme est parfois désespérant, et l'obscurité de son texte en a compromis l'exécution pendant un quart de siècle. Les questions de plus-value sont d'une application si difficile que les villes négligent de poursuivre l'application de la loi de

(1) Voy. au *Moniteur* de 1835, du 9 février, la discussion d'une proposition.

Les taxes établies en vertu du paragraphe précédent seront recouvrées au moyen de rôles rendus exécutoires par le préfet, et perçues comme en matière de contributions directes.

6. Il ne pourra être établie, sans qu'une déclaration ait été préalablement faite à l'administration, qui aura le droit d'interdire ou de modifier le travail, aucune digue sur les parties submersibles des vallées de la *Seine*, de la *Loire*, du *Rhône*, de la *Garonne*, et de leurs affluents, ci-après désignés : SEINE : *Yonne, Aube, Marne* et *Oise;* LOIRE : *Allier, Cher* et *Maine;* RHÔNE : *Ain, Saône, Isère* et *Durance;* GARONNE : *Gers* et *Baïse* (1).

Dans les vallées protégées par des digues, sont considérées comme submersibles les surfaces qui seraient atteintes par les eaux si les levées venaient à être rompues ou supprimées.

Ces surfaces seront indiquées sur des plans tenus à la disposition des intéressés.

1807. Ce qui concerne l'alignement a été singulièrement modifié par le décret du 25 janvier 1852.

Je considèrerai donc, dans le projet que j'ai rédigé, la partie de la loi du 28 mai 1858 qui renvoie à la loi de 1807, comme devant être modifiée lors de la discussion de la loi qui sera relative à l'inondation des campagnes, et j'indiquerai avec le plus grand soin les mesures préparatoires et définitives qui me paraîtraient pouvoir produire un résultat équitable et satisfaisant.

(1) Le projet contenait un alinéa ainsi conçu : « La même mesure « sera applicable aux autres affluents qui seraient ultérieurement désignés « par des règlements d'administration publique. » Sur la demande de la commission du Corps législatif ce paragraphe a été supprimé, parce que c'est une servitude qui ne peut être imposée que par une loi nouvelle dont le Corps législatif apprécie les motifs et l'opportunité (DUVERGIER, p. 191, note 5).

Les infractions aux dispositions du paragraphe premier du présent article seront poursuivies et punies comme contraventions en matière de grande voirie (1).

7. Toute digue établie dans les vallées désignées à l'article précédent, et qui sera reconnue faire obstacle à l'écoulement des eaux ou restreindre d'une manière nuisible le champ des inondations, pourra être déplacée, modifiée ou supprimée par ordre de l'administration, sauf le paiement, s'il y a lieu, d'une indemnité de dommages qui sera réglée conformément aux dispositions du titre XI de la loi du 16 septembre 1807 (2).

(1) La construction d'une digue sans autorisation sera considérée comme une contravention de grande voirie. — La loi est formelle, le Conseil de préfecture sera compétent. Mais M. MILLET, représentant, demandait des règles générales, sans doute pour toutes les contraventions concernant les travaux prévus par la loi et pour leur entretien. Il n'a été rien répondu quant à cela, et on ne peut se dissimuler qu'il s'élèvera des difficultés assez sérieuses, lorsque ces travaux concerneront des cours d'eau non navigables ni flottables. Il eût été bien d'insérer un article général classant toutes dégradations ou contraventions, de quelque nature qu'elles fussent, dans les attributions des Conseils de préfecture. C'est une lacune que devra faire disparaître la loi qui concernera les inondations des campagnes. Jusqu'à ce qu'il y ait une disposition formelle, je ne crois pas qu'on puisse attribuer les contraventions relatives aux travaux de tous les cours d'eau aux Conseils de préfecture. Les travaux faits sur les cours d'eau non navigables ni flottables seront protégés par des arrêtés administratifs, et la connaissance des contraventions appartiendra aux Tribunaux de simple police.

(2) Trois questions ont été soulevées dans le sein du Corps législatif, par M. MILLET, à l'occasion de cet article : *Qui décidera que la digue est nuisible et doit être détruite? — qui réglera l'indemnité? — par qui sera payée cette indemnité?* Sur la *première question*, M. DE FRAN-QUEVILLE, *commissaire du gouvernement*, a répondu : « Evidemment « c'est une décision administrative qui interviendra ; c'est le ministre qui « décidera que tel ouvrage est nuisible et fait obstacle à l'écoulement des « eaux. » Quoique M. le commissaire du gouvernement n'ajoute pas :

8. Les sommes restant disponibles sur le produit de l'emprunt autorisé par la loi du 11 juillet 1855 seront affectées à l'exécution des travaux destinés à mettre les

Sauf recours au Conseil d'Etat, cela est également évident ; car toute décision ministérielle est susceptible de ce recours quand elle touche un droit, et le propriétaire dont la digue protectrice doit être détruite est évidemment lésé dans sa propriété, puisqu'on lui accorde une indemnité. — Objectera-t-on que le Conseil d'Etat pourrait difficilement apprécier la nécessité ou l'inutilité d' d'une destruction de digue ? Cette objection me paraîtrait sans valeur, car chaque jour le Conseil d'Etat, en matière de travaux publics, apprécie des questions de fait bien plus délicates. Et ce Tribunal supérieur a eu des appréciations d'un genre tout aussi spécial à faire lorsque, par exemple, il a décidé qu'un préfet avait commis un excès de pouvoir en réglant le régime hydraulique d'une usine sur la plainte d'un voisin (t. 4, p. 417, art. 186).

Il ne faut pas perdre de vue que le Conseil d'Etat administre en jugeant, vérité que paraissent souvent méconnaître, surtout les administrateurs, dont les actes doivent toujours, en matière contentieuse, être soumis à cette haute, utile et sage appréciation. Voy. *suprà*, p. 360 et 361, la note 4.

Sur la *seconde question*, on avait tout le titre XI de la loi du 16 septembre 1807, qui aurait dû paraître suffisant, si cette loi avait jamais été claire dans une seule de ses dispositions. La jurisprudence a eu besoin de l'interpréter, car l'art. 57 est ainsi conçu : « Le contrôleur et le di- « recteur des contributions donneront leur avis sur le procès-verbal « d'expertise qui sera soumis, par le préfet, à la *délibération du Conseil* « *de préfecture* ; le préfet pourra, dans tous les cas, faire faire une nou - « velle expertise. » Cet article prouve que le législateur n'avait pas à cette époque une idée bien nette des attributions respectives du préfet et du Con- seil de préfecture. — Aussi M. DE FRANQUEVILLE, commissaire du gouver- nement, a-t-il répondu : « Il s'agit ici d'une question non d'expropriation, « mais de dommages. Ce sont donc les Tribunaux administratifs qui se- « ront compétents ; le Conseil de préfecture d'abord, et en appel le Con- « seil d'Etat. » Cette réponse, insérée dans la loi, eût été beaucoup plus satisfaisante, car en renvoyant à tout le titre XI, le législateur a renvoyé à l'art. 56, contre lequel la doctrine s'est si vivement élevée depuis cin- quante ans et contre lequel les Conseils de préfecture se sont pour ainsi dire insurgés. Les recueils contiennent de nombreux arrêts du Conseil

villes à l'abri des inondations, jusqu'à concurrence d'une somme qui ne pourra dépasser vingt millions.

9. Il est ouvert, pour l'exécution des travaux prévus par la présente loi, un crédit de huit millions sur l'exercice de 1858.

Les fonds non employés sur cet exercice pourront être reportés, par décret impérial, sur l'exercice suivant.

10. Un règlement d'administration publique déterminera les formalités nécessaires pour l'exécution de la présente loi, notamment les formes de l'enquête et de la déclaration prescrites par les art. 3 et 6.

---

d'Etat qui ont cassé des arrêtés des Conseils de préfecture, pour n'avoir pas voulu accepter comme tiers expert l'ingénieur en chef du département, celui qui était considéré comme le véritable auteur du dommage nécessaire, celui qui évidemment n'était pas dans les conditions normales d'un expert, car il était l'adversaire du propriétaire auquel le dommage était occasionné. Je suis convaincu que le renvoi a été fait au titre XI, sans qu'on se soit rendu compte de chacune des dispositions de ce titre. Cette disposition pourra être modifiée dans la prochaine loi sur les mesures relatives aux campagnes.

A la *troisième question* M. DE FRANQUEVILLE a répondu : « L'indem-« nité devra être payée, soit par l'État, soit par les syndicats de proprié-« taires, s'il en existe, qu'intéressera la destruction de l'ouvrage reconnu « nuisible. » Cette réponse contrarierait l'explication donnée par M. DE VUILLEFROY, relative à l'entretien et à la réparation des travaux, et comme l'a fait observer mon honorable ami M. DUVERGIER, p. 192, note 2, il est plus simple de dire : « L'indemnité est une partie des dé-« penses des travaux ; par conséquent, elle doit être supportée par tous « ceux à la charge de qui sont mises ces dépenses. »

II. — *Décret portant règlement d'administration publique pour l'exécution de la loi du 28 mai 1858, sur les travaux de défense contre les inondations* (15 août 1858, Bulletin 627, n⁰ 5819, et Duvergier, p. 315).

TITRE Iᵉʳ.

FORMALITÉS DES ENQUÊTES.

Art. 1ᵉʳ. Les travaux de défense contre les inondations à exécuter aux termes de la loi du 28 mai 1858 sont soumis à une enquête préalable dans les formes ci-après déterminées.

2. L'enquête s'ouvre sur un projet indiquant le tracé des ouvrages, leurs dispositions principales et l'appréciation des dépenses.

Aux pièces du projet est joint un mémoire descriptif énonçant le but de l'entreprise et les avantages que l'on peut s'en promettre.

3. L'arrêté du préfet qui prescrit l'ouverture de l'enquête indique le projet de répartition des dépenses entre l'Etat, le département, la commune et les propriétaires intéressés.

Un plan parcellaire, joint aux pièces, désigne les propriétés qui sont présumées devoir concourir à la dépense.

4. Le projet est déposé pendant un mois à la mairie de chaque commune intéressée.

Pendant ce délai, des registres sont ouverts à la mairie pour recevoir les déclarations des habitants sur l'utilité et la convenance des travaux projetés.

Les délais ci-dessus prescrits pour le dépôt des pièces et pour la durée de l'enquête peuvent être prolongés par le préfet.

Ces délais ne courent qu'à dater de l'avertissement donné par voie de publications et d'affiches.

Il est justifié de l'accomplissement de cette formalité par un certificat du maire.

5. Dans le cas où les propriétaires sont présumés devoir contribuer à la dépense, ces propriétaires sont, immédiatement après la clôture de l'enquête, réunis par commune, sur la convocation et sous là présidence d'un commissaire désigné par le préfet.

Les convocations sont faites individuellement à chaque propriétaire.

Cette assemblée, quel que soit le nombre des membres présents, donne son avis sur le projet et sur la part de dépense qui doit rester à la charge de l'ensemble des propriétaires intéressés.

Un procès-verbal de la délibération est dressé par le commissaire.

6. Immédiatement après l'accomplissement de ces formalités, le commissaire transmet au maire de la commune, avec son avis motivé, les pièces de l'instruction qui ont servi de base à l'enquête, le registre d'enquête et le procès-verbal de délibération des propriétaires intéressés.

7. Le Conseil municipal est appelé à émettre un avis motivé, tant sur l'utilité et la convenance des travaux projetés, que sur la part contributive de la commune dans la dépense de ces travaux.

8. Le maire transmet au préfet la délibération du Conseil municipal avec le dossier de l'instruction.

9. Dans le cas où le département est appelé à con-courir à la dépense des travaux, le Conseil général délibère sur l'utilité du projet et sur la part qui doit être mise à la charge du département.

10. Après l'accomplissement de ces formalités, une commission de neuf membres au moins et de treize au plus, formée par le préfet, conformément à l'art. 4 de l'ordonnance du 18 février 1834 (1), se réunit au chef-lieu de l'arrondissement ou au chef-lieu du départe-ment, selon que les travaux sont compris dans un seul ou dans plusieurs arrondissements.

Cette commission examine les déclarations consignées aux registres d'enquête et les délibérations mentionnées dans les articles précédents, entend les ingénieurs des ponts-et-chaussées et les autres personnes qu'elle juge utile de consulter, et donne son avis motivé, tant sur l'utilité de l'entreprise que sur les diverses questions qui auront été posées par l'administration.

Les opérations de la commission, dont il sera dressé procès-verbal, devront être terminées dans le délai d'un mois.

11. Lorsque l'instruction est terminée, le préfet

(1) Dont voici le texte : « Il sera formé, au chef-lieu de chacun des « départements que la ligne des travaux devra traverser, une commission « de neuf membres au moins, et de treize au plus, pris parmi les prin-« cipaux propriétaires de terres, de bois, de mines, les négociants, les « armateurs, et les chefs d'établissements industriels. — Les membres « et le président de cette commission seront désignés par le préfet dès « l'ouverture de l'enquête. »

Peut-être eût-il été préférable de remplacer les armateurs et les négo-ciants par des membres des sociétés savantes ou professeurs des facultés des sciences.

adresse toutes les pièces, avec son avis motivé, au ministre de l'agriculture, du commerce et des travaux publics, pour être statué, s'il y a lieu, par un décret rendu dans la forme des règlements d'administration publique, conformément aux dispositions de l'art. 2 de la loi susvisée.

TITRE II.

FORMALITÉS A SUIVRE POUR L'EXÉCUTION DE DIGUES DANS LA PARTIE SUBMERSIBLE DES VALLÉES.

12. Les parties submersibles des vallées mentionnées à l'art. 6 de la loi du 28 mai 1858 sont indiquées sur les plans généraux dressés par les soins de l'administration.

Ces plans sont déposés pendant un mois à la mairie de chaque commune intéressée. A l'expiration de ce délai, un commissaire désigné par le préfet reçoit à la mairie, pendant deux jours consécutifs, les déclarations des habitants.

13. Les pièces de l'enquête sont adressées par le commissaire au préfet.

Le préfet les transmet au ministre de l'agriculture, du commerce et des travaux publics avec son avis et celui des ingénieurs.

14. Un décret délibéré en Conseil d'Etat détermine les limites définitives de la partie submersible de chacune des vallées énoncées dans l'art. 6 de la loi précitée.

15. Des extraits des plans généraux indiquant ces limites restent déposés à la mairie de chaque commune

intéressée, de manière que tout propriétaire puisse en prendre connaissance.

16. Tout propriétaire qui désire exécuter des digues dans les parties submersibles des vallées ci-dessus désignées doit faire connaître son intention par une déclaration adressée au préfet.

Cette déclaration indique l'emplacement et les dispositions des ouvrages projetés.

Elle est immédiatement enregistrée dans les bureaux de la préfecture, et il en est accusé réception au pétitionnaire.

17. Cette déclaration est communiquée à l'ingénieur en chef.

Si l'ingénieur en chef pense que le travail doit être interdit ou modifié, il donne son avis au préfet, qui statue, sauf recours au ministre (1).

18. L'arrêté du préfet est notifié au propriétaire dans le délai d'un mois, à dater de l'enregistrement de sa déclaration dans les bureaux de la préfecture.

Passé ce délai, le propriétaire, s'il n'a reçu aucune notification, peut exécuter les travaux, sans préjudice des droits résultant pour l'administration de l'art. 7 de la loi du 28 mai 1858.

19. Notre ministre de l'agriculture, du commerce et des travaux publics est chargé de l'exécution du présent règlement.

---

(1) Par les raisons que j'ai développées *suprà*, p. 28, *note* 2, à la *première question*, je n'hésite pas à penser que la décision du ministre pourra être déférée au Conseil d'État.

III. — *Loi du 16 septembre 1807* (extrait).

ART. 30. Lorsque par suite des travaux déjà énoncés dans la présente loi, lorsque par l'ouverture de nouvelles rues, par la formation de places nouvelles, par la construction de quais, ou par tous autres travaux publics généraux, départementaux ou communaux, ordonnés ou approuvés par le gouvernement, des propriétés privées auront acquis une notable augmentation de valeur, ces propriétés pourront être chargées de payer une indemnité qui pourra s'élever jusqu'à la valeur de la moitié des avantages qu'elles auront acquis ; le tout sera réglé par estimation, dans les formes déjà établies par la présente loi, jugé et homologué par la commission qui aura été nommée à cet effet.

31. Les indemnités pour paiement de plus-value seront acquittées au choix des débiteurs, en argent ou en rentes constituées à quatre pour cent net, ou en délaissement d'une partie de la propriété si elle est divisible ; ils pourront aussi délaisser en entier les fonds, terrains ou bâtiments dont la plus-value donne lieu à l'indemnité; et ce, sur l'estimation réglée d'après la valeur qu'avait l'objet avant l'exécution des travaux desquels la plus-value aura résulté.

Les art. 21 et 23 (1), relatifs aux droits d'enregistrement et aux hypothèques, sont applicables aux cas spécifiés dans le présent article.

(1) Ces articles sont relatifs : le premier, 21, au *droit d'enregistrement* d'un franc pour l'acte constatant mutation de la propriété délaissée; le second, 23, au *privilége sur la plus-value et à la restriction de l'hypothèque d'une créance antérieure à l'exécution des travaux.*

32. Les indemnités ne seront dues par les propriétaires des fonds voisins des travaux effectués que lorsqu'il aura été décidé, par un règlement d'administration publique rendu sur le rapport du ministre de l'intérieur, et après avoir entendu les parties intéressées, qu'il y a lieu à l'application des deux articles précédents.

33. Lorsqu'il s'agira de construire des digues à la mer, ou contre les fleuves, rivières et torrents navigables ou non navigables, la nécessité en sera constatée par le gouvernement, et la dépense supportée par les propriétés protégées, dans la proportion de leur intérêt aux travaux, sauf les cas où le gouvernement croirait utile et juste d'accorder des secours sur les fonds publics.

34. Les formes précédemment établies et l'intervention d'une commission seront appliquées à l'exécution du précédent article.

Lorsqu'il y aura lieu de pourvoir aux dépenses d'entretien ou de réparation des mêmes travaux, au curage des canaux qui sont en même temps de navigation et de dessèchement, il sera fait des règlements d'administration publique qui fixeront la part contributive du gouvernement et des propriétaires. Il en sera de même lorsqu'il s'agira de levées, de barrages, de pertuis, d'écluses, auxquels des propriétaires de moulins ou d'usines seraient intéressés.

OBSERVATIONS.

On remarque dans les articles 30 et 34 de la loi de 1807 ces expressions : « *Le tout sera réglé par estimation dans les* « *formes déjà établies par la présente loi, jugé et homologué* « *par la commission qui aura été nommée à cet effet.*

.- « *Les formes précédemment établies et l'intervention d'une* « *commission seront appliquées à l'exécution du précédent* « *article.* »

Il faut donc étudier toute la loi du 16 septembre, se reporter aux articles qui concernent les *dessèchements de marais, la création de syndicats* (art. 7 à 24), *l'organisation et les attributions des commissions spéciales* (art. 42 à 47) ; et jamais, peut-être, l'esprit n'éprouvera plus de difficultés *d'application, d'explication* et *d'interprétation* d'une loi qui cependant, à raison de sa nature de loi *spéciale d'impôt,* devrait être claire et perceptible pour toutes les intelligences. J'ai été très-souvent consulté par des syndicats ou par des opposants à des opérations syndicales, et j'avoue que j'ai été toujours plus embarrassé que sur aucune autre partie du droit administratif. Une affaire pendante en ce moment devant le Conseil d'Etat donnera lieu à des solutions nombreuses et délicates. J'ai conseillé le pourvoi. Voici le résumé doctrinal que je puis extraire de ma consultation :

Les auteurs ont, en général, soulevé bien peu de questions sur les syndicats et les commissions, soit à l'occasion d'un dessèchement de marais, soit à l'occasion de constructions de digues contre les fleuves navigables. J'ai parcouru avec soin PROUDHON, t. 5, nos 1608, 1610, 1646, 1648 ; M. DAVIEL (t. 1er, p. 273, nos 274 et suiv.) ; les *Dictionnaires de droit administratif*, de BLANCHE, vo *cours d'eau*, chap. II, no VII, § 2 ; de BLOCK, vis *cours d'eau*, no 84, *endiguement*, nos 23 et suiv., *marais,* nos 40 et suiv. ; DALLOZ, répertoire,

2e édition, vᵗˢ *eaux*, nᵒ 106, et *marais*, nᵒˢ 20 et suiv.;
JOUSSELIN, *Traités des servitudes publiques*, t. 1ᵉʳ, p. 219, nᵒ
8 et p. 283, nᵒˢ 16 et suiv.; et je ne puis invoquer aucune
théorie complète. Plusieurs de ces auteurs rapportent en sub-
stance, quelquefois textuellement, des ordonnances ou décrets
constituant des syndicats dans des circonstances spéciales de
dessèchement ou de confection de digues, en disant que ces
ordonnances ou décrets ont été insérés dans le *Bulletin des
lois;* malgré cette insertion, ces actes n'ont aucune autorité
légale, et de nombreux décrets contentieux, insérés dans ce
bulletin, n'ont jamais été considérés comme contenant une
prescription législative. Ces actes spéciaux ont pu servir
de règle pour l'espèce à laquelle ils appartenaient, s'ils n'ont
point été attaqués comme entachés d'excès de pouvoir; mais
ils n'ont pu acquérir une autorité quelconque contre celle de
la loi; c'est la loi seule qu'il faut consulter.

Je laisse parler M. DUFOUR qui, dans sa dernière édition
de 1855, a dû reproduire le dernier état de la doctrine et de
la jurisprudence :

On lit, t. 4, p. 432, nᵒ 402 : « L'art 34 renvoie, pour
les formes, à celles précédemment établies, c'est-à-dire aux
formes tracées pour le dessèchement des marais. Nous sommes, par conséquent, ramenés à la constitution d'un syndicat
(voy. *suprà*, nᵒ 396). » — A ce numéro, p. 428, notre auteur
s'exprime ainsi : « Lorsque l'administration a résolu d'exercer
l'action en plus-value, elle annonce son intention en ouvrant
une enquête, ou, si le nombre des propriétaires est restreint,
par des NOTIFICATIONS INDIVIDUELLES. LES PROPRIÉTAIRES MENACÉS
sont ainsi MIS EN DEMEURE de fournir leurs observations à la
suite de l'enquête, etc., etc. » — Puis, au nᵒ 402, il parle du
syndicat qui doit faire dresser un plan parcellaire des PRO-
PRIÉTÉS PROTÉGÉES, dresser un projet de classification des terrains et un rapport à l'appui et faire déposer ce plan, qui
indiquera le périmètre des terrains à comprendre dans l'association, pour que chacun puisse en prendre connaissance.

Le syndicat étant composé de propriétaires intéressés, ce n'est pas à lui à fixer définitivement la nature des travaux et la part de chacun des riverains.

L'art. 34 a prescrit l'intervention d'une commission dont les fonctions sont déterminées par les art. 42 et suivants de la loi du 16 septembre 1807; aussi M Dufour ajoute-t-il, n° 403, p. 433 : « Le travail des experts, pour la fixation du périmè-« tre des terrains qui doivent profiter des travaux et pour le « classement des propriétés comprises dans ce périmètre, est « soumis à une commission de sept membres nommés par le « décret qui ordonne les travaux, et choisis parmi les pro-« priétaires pour lesquels l'entreprise est sans intérêt..... C'est « la commission spéciale organisée par le titre X de la loi de « 1807 ; elle reçoit les réclamations, statue tant sur la dési-« gnation que sur le classement des parcelles imposables et « détermine les bases de la répartition. » Puis l'auteur s'oc-cupe du fonctionnement de cette importante commission qui est le centre de garantie des intérêts des syndiqués, du re-cours ouvert devant le Conseil d'Etat contre les décisions de cette commission, etc.

En rapprochant ces expressions : *les formes précédemment établies* et *l'intervention d'une commission* , des diverses dis-positions de la loi de 1807, on arrive à quelques règles que je formulerais en ces termes :

Avant le décret de constitution du syndicat et de nomina-tion d'une commission , *plan général de la future opération, désignation approximative des parties intéressées, notifica-tion individuelle a ces parties intéressées , enquête ouverte et observations.*

Décret qui déclare qu'il y a lieu d'appliquer les art. 33 et 34 de la loi du 16 septembre 1807, qui, en conséquence, fixe le nombre des syndics à nommer par le préfet, pour agir au nom des intéressés, et nomme une commission de sept mem-bres pour déterminer la plus-value et fixer l'indemnité due par chacun.

Après la notification du décret intervenu à chacune des parties intéressées, *travail préparatoire des experts, qui dressent, avec le concours des ingénieurs* (1), *un projet de plan parcellaire indiquant le périmètre des terrains à comprendre dans l'association, le projet de classification; le syndicat rédige un rapport dans lequel est déterminée la valeur des terrains protégés au moment où vont commencer les opérations.*

Pour permettre aux réclamations des propriétaires riverains de se produire devant la commission, juge indépendant et désintéressé,

Le plan doit être déposé à la mairie, et chacun des intéressés doit en être averti par notification individuelle. — M. le préfet donne son avis et peut même ordonner des vérifications nouvelles.

La commission, saisie des réclamations, statue par décision en premier ressort.

Les décisions de la commission doivent être notifiées pour faire courir les délais du recours ouvert devant le Conseil d'Etat.

Sur les bases arrêtées par la commission et d'après un tableau préparé par les syndics, les rôles sont dressés, et les réclamations contre les rôles doivent être portées devant les Conseils de préfecture.

La loi ne donne aucun pouvoir aux syndics de faire des emprunts; les travaux doivent être exécutés avec les sommes perçues des propriétaires riverains qui peuvent être contraints au paiement par toutes voies de droit.

Enfin, si l'indemnité, exigée du propriétaire riverain, dépasse ses forces pécuniaires, il a le droit de délaisser en entier le terrain dont la plus-value donne lieu à l'indemnité, et l'estimation est réglée d'après la valeur qu'avait l'objet avant l'exécution des travaux desquels la plus-value est résultée.

---

(1) **Trois experts doivent être nommés** (art. 8); ils doivent prêter serment, etc.

Telles sont les règles substantielles qui doivent être suivies pour que la grande opération, prévue par la loi de 1807, puisse s'exécuter sans froisser trop vivement la liberté que chacun doit avoir de gérer, d'entretenir et de protéger ses propriétés.

Je m'exprimais ainsi sur les attributions de la commission spéciale :

L'art. 34 de la loi du 16 septembre 1807 déclare applicable l'intervention d'une commission dans les associations prévues par l'art. 33. Il faut se reporter aux articles qui constituent ces commissions et dont le premier est ainsi conçu : « Lorsqu'il s'agira d'un dessèchement de marais ou d'autres « ouvrages déjà énoncés en la présente loi, et pour lesquels « l'intervention d'une commission spéciale est indiquée, cette « commission sera établie ainsi qu'il suit (art. 42, *ibid.*). »

Les art. 43 et suivants organisent un véritable Tribunal administratif, règlent sa composition, exigent que ses décisions soient motivées, déterminent sa compétence, et renvoient seulement les questions de propriété devant les Tribunaux ordinaires. L'art. 45 délègue au pouvoir exécutif le soin de déterminer, par un règlement d'administration publique , la procédure qui sera suivie devant ces commissions ; en rapprochant ce titre X de la loi de l'art. 12 qui prescrit de porter, après vérification du préfet, l'objet de la contestation devant la commission spéciale, on demeure convaincu que c'est là un véritable Tribunal administratif. La loi ne lui ayant pas accordé le droit de statuer en premier et en dernier ressort, ses décisions peuvent être attaquées devant le Tribunal d'appel, c'est-à-dire devant le Conseil d'Etat.

Cette interprétation de la loi de 1807, en ce qui concerne les commissions spéciales, est admise par une jurisprudence constante et par toute la doctrine.

J'ajoute que cette loi ne parle, dans ses diverses dispositions, d'aucun autre Tribunal administratif. Et si j'ai admis, avec la jurisprudence du Conseil d'Etat (voy. mes *Principes de compétence*, t. 3, p. 924, n° 1365, 4°), que les Conseils de préfecture étaient compétents pour statuer sur l'opposition au paiement des taxes portées sur les rôles rendus exécutoires, c'est par analogie et à cause des précédents. A la rigueur, la juridiction des Conseils de préfecture, sous ce rapport, pourrait bien être contestée; dans tous les cas, ils devraient se déclarer incompétents, si l'opposition portée devant eux reposait sur une question autre que la quotité de la taxe relative entre les divers intéressés.

L'art. 46 de la loi de 1807 semblerait restreindre les attributions des commissions dans les termes d'une énonciation; mais on voit que l'exception de l'art. 47 révèle, au contraire, leur étendue qui n'a de limites que les questions de propriété.

La force des choses même donne à ces commissions la plus large compétence, puisque, comme je viens de le dire, la loi de 1807 ne reconnaît aucun autre Tribunal administratif.

« Sa Majesté a voulu, disait l'orateur du gouvernement, en présentant la loi du 16 septembre 1807 au Corps législatif, qu'une commission nommée par elle et composée d'hommes connaissant les lieux, les objets dont il s'agit, recommandables par la considération dont ils jouissent, par les emplois qu'ils occupent, forment, pour chaque entreprise, une sorte de magistrature spéciale, qui, n'ayant qu'une seule affaire à suivre, y mettra d'autant plus de soin qu'elle aura à justifier en même temps la confiance du souverain et l'estime publique (COTELLE, *Des travaux publics*, t. 2, p. 426, n° 16). »

« Au-dessus des syndics et des experts, une institution bien autrement importante est celle des commissions spéciales auxquelles la loi du 16 septembre 1807 a confié cumulativement, dans l'intérêt d'une instruction plus prompte, plus locale et plus éclairée, des pouvoirs administratifs qui tiennent à ceux des préfets, et une juridiction contentieuse pareille à peu près à celle des Conseils de préfecture (JOUSSELIN, *Traité des servitudes publiques*, t. 1er, p. 283, n° 18). »

En se reportant à la discussion d'un haut intérêt qui a eu lieu au sein de la Chambre des députés, le 8 février 1838 (*Moniteur du* 9), à l'occasion d'une proposition relative aux alluvions des rivières navigables, on verra que si, entre les honorables députés, MM. Boudet et Legrand, il s'était élevé une vive controverse sur la légalité des associations forcées et l'application de la loi de 1807, ils reconnaissaient tous les deux qu'au-dessus du syndicat il y avait une commission spéciale appelée à statuer sur toutes les questions importantes.

A cette commission appartient naturellement la connaissance des difficultés que peut faire naître le fonctionnement des associations syndicales : à tout autre Tribunal administratif a été substituée la commission; comme Tribunal de premier degré, elle doit jouir de la juridiction la plus étendue.

Je pencherais donc, en théorie, à combattre la solution d'une décision du Conseil d'Etat, du 20 juillet 1850 (DE LIGNAC C. MONTARDIES), qui refuse à la commission le droit de se prononcer sur la convenance ou l'opportunité de tels ou tels travaux, et qui accorde au ministre le droit exclusif de statuer en pareil cas.

C'est encore, sans qu'il y ait à cet égard d'objection de jurisprudence ou de doctrine, à la commission à déterminer la nature, la classe des terrains à protéger, le périmètre dans lequel seront compris les riverains dont une cotisation pourra être exigée...... Pourrait-on la forcer à faire une appréciation qui doit précéder toute exécution de travaux après le commencement ou l'achèvement de ces mêmes travaux ? Serait-il donc défendu à une commission créée pour statuer sur les difficultés que doit produire une association formée pour un objet déterminé, de se refuser à fixer aucun périmètre, à faire aucun classement en vue de l'exécution de tout autre objet? Il appartient à la commission de sauvegarder les intérêts des membres de l'association syn-

dicale auxquels on a imposé administrativement des mandataires.

On avait soulevé contre le droit de délaisser, reconnu par la
loi de 1807, des objections auxquelles j'ai répondu en ces
termes :

Une raison philosophique s'offre tout d'abord à l'esprit et
ne permet pas d'hésiter à résoudre affirmativement cette
question.

On conçoit que l'impôt, exigé uniquement dans des vues
d'intérêt général, frappe toutes les propriétés mobilières, et
immobilières du contribuable.

Mais qu'on pût arriver à une ruine complète du propriétaire,
sous le prétexte unique de lui faire du bien, ce serait d'une
iniquité révoltante.

S'il est convenable, s'il est raisonnable qu'en certains cas la
loi permette de forcer un propriétaire à améliorer sa propriété
par des travaux utiles, il faut au moins que ce propriétaire ait
la faculté de délaisser et de rester dans la position où il se
trouve, ni plus ni moins riche.

Si le système fantastique et ruineux des digues insubmer-
sibles eût été adopté, leur confection et leur entretien auraient entraîné la ruine d'une foule de petits propriétaires.

Il existe une loi fort sévère pour les propriétaires auxquels des travaux sont imposés, la loi du 27 avril 1838 sur
l'assèchement des mines. Cette loi a été faite dans des vues
d'intérêt général pour empêcher les propriétaires des mines
d'escompter l'avenir et de priver les générations futures du
bienfait de ces grandes exploitations. Ce n'est donc pas dans
un intérêt purement privé que sont prescrits les travaux
d'assèchement. On pourrait dire aussi que l'assèchement est
une condition nécessaire de la concession, et que celui qui
ne se rend pas maître de l'eau par des travaux hydrauliques,
manque aux engagements qui lui ont été imposés, et s'ex-
pose au retrait de la concession.

Malgré ces considérations d'un ordre élevé, le législateur de 1838 a voulu que les syndics, chargés de diriger les travaux, fussent nommés par les intéressés eux-mêmes, ce qui n'a pas lieu dans l'application de la loi de 1807, et si, faute d'exécution des travaux prescrits par ces véritables mandataires des concessionnaires, les travaux sont exécutés d'office, la mine seule répond du prix de ces travaux ; elle est déclarée vacante, vendue publiquement, et le reliquat du prix de cette vente, le montant des travaux payé, est remis, soit à l'ancien concessionnaire, soit à ses créanciers. Au lieu d'être un abandon volontaire, c'est un abandon forcé. On a vu quels sont les motifs d'intérêt général d'une exception aussi rigoureuse et entourée toutefois de mesures protectrices des intérêts privés.

Dans l'espèce, il existe une loi positive qui, toute mal digérée qu'elle soit, doit être appliquée dans son texte et son esprit.

La loi du 16 septembre 1807 a prévu *les dessèchements de marais, les plus-values résultant d'exécution de travaux publics, la construction de travaux défensifs, l'alignement*, etc.

Pour les marais, l'art. 21 est ainsi conçu : « Les propriétaires auront la faculté de se libérer de l'indemnité par eux due, en délaissant une portion relative de fonds calculée sur le pied de la dernière estimation. »

Pour la plus-value, voici le texte de l'art. 31 : « Les indemnités pour paiement de plus-value seront acquittées, au choix des débiteurs, en argent ou en rentes constituées à 4 p. 100 net, ou en délaissement d'une partie de la propriété, si elle est divisible ; ils pourront aussi délaisser en entier les fonds, terrains ou bâtiments dont la plus-value donne lieu à l'indemnité, et ce sur l'estimation réglée d'après la valeur qu'avait l'objet avant l'exécution des travaux desquels la plus-value aura résulté. »

Pour l'alignement, voici l'art. 53 : « Au cas où, par les alignements arrêtés, un propriétaire pourrait recevoir la faculté de s'avancer sur la voie publique, il sera tenu de payer la valeur du terrain qui lui sera cédé...

« ..... Au cas où le propriétaire ne voudrait point acquérir, l'administration publique est autorisée à le déposséder de l'ensemble de sa propriété en lui payant la valeur telle qu'elle était avant l'entreprise des travaux. »

Pour la construction de travaux défensifs, l'art. 33 ne répète pas les termes de l'art. 34 qui le précède presque immédiatement, mais un article non moins positif vient règlementer la position. Art. 34 : « Les formes précédemment établies et l'intervention d'une commission seront appliquées à l'exécution du précédent article. »

Cet article 34 n'eût-il pas existé que par analogie j'eusse déclaré applicable l'art. 31. Le raisonnement *à fortiori* eût même été applicable; car si le délaissement, après l'exécution des travaux publics d'intérêt général, comme ceux prévus par l'art. 30, est permis, comment ne le serait-il pas, lorsque les travaux ne doivent servir qu'à défendre des propriétés particulières ? Je ferai remarquer que l'art. 33 s'occupe de travaux qui se rattachent à l'intérêt général, puisqu'il parle de digues contre la mer, et qu'il suppose une coopération de l'Etat par des secours sur les fonds publics.

Si, en réalité, les travaux autorisés doivent augmenter la valeur des propriétés privées, le délaissement ne pourra jamais être que très-favorable au syndicat devant alors bénéficier de la plus-value des propriétés délaissées.

L'art. 34 existe ; il est clair ; il dispense de recourir à des analogies.

Dira-t-on : Cet article ne déclare applicable que *les formes précédemment établies ;* donc, il ne parle que de la procédure ou de l'instruction à suivre , mais nullement d'un droit qui se rattache à l'exercice même du titre de propriétaire ?

Ce serait bien mal raisonner, parce que dans toutes les matières administratives, surtout dans celles réglées par la loi de 1807, l'expression *les formes établies* comprend l'instruction et le fond avec tous ses accessoires.

Dans *les formes* pour dessécher un marais rentre le droit du propriétaire de terrain dont parle l'art. 21.

Dans *les formes* pour l'exécution des grands travaux publics rentre la faculté pour celui dont la propriété augmente de valeur de la délaisser pour n'être pas obligé de payer la plus-value.

Quand une loi renvoie, dans une matière nouvelle, *aux formes* établies par la loi sur l'expropriation pour cause d'utilité publique, c'est un renvoi à toutes les dispositions de la loi du 3 mai 1841, aussi bien les plus simples que les plus compliquées ; celles qui tiennent à la déclaration de propriété doivent être suivies pour la fixation du montant de l'indemnité, et dans *ces formes* nous trouvons l'art. 50 qui permet à un exproprié de faire prendre toute sa maison ou tout son champ à celui qui a besoin d'une partie de cette maison ou de ce champ. — C'est là incontestablement une des *formes* de l'expropriation. Vouloir soutenir que l'art. 34 ne renvoie pas à l'art. 31, et que la faculté de délaissement n'est pas une des *formes* précédemment établies, ce serait se faire étrangement *procédurier* et méconnaître l'esprit de la loi du 16 septembre 1807.

Les conséquences d'un tel système seraient désastreuses. Car si le délaissement n'est pas possible, l'obligation de payer est personnelle, elle peut s'étendre à toutes les propriétés et produire la ruine complète du propriétaire enserré dans les étreintes d'un bienfait d'un nouveau genre.

PROJET (1).

SECTION PREMIÈRE.

Déclaration des travaux.

Art. 1er. Il sera procédé par l'État à l'exécution des travaux destinés à mettre les villes et les campagnes à l'abri des inondations, à l'entretien annuel de ces travaux, ainsi qu'à l'amélioration des cours d'eau (2).

---

(1) Mon projet de dispositions codifiées sur les cours d'eau n'a qu'un seul numérotage qui n'est interrompu que par l'état de la législation existante, et il est facile de distinguer mon projet de cette législation, parce que les deux parties sont imprimées en caractères différents.

¶(2) I. Sous l'influence des distinctions qui ont paru utiles aux rédacteurs de la loi du 28 mai 1858, j'avais divisé le livre premier du régime des eaux en trois chapitres ; le PREMIER, consacré aux *travaux destinés à mettre les villes à l'abri des inondations ;* le SECOND, *aux travaux destinés à mettre les campagnes à l'abri des inondations ;* le TROISIÈME, *aux améliorations des cours d'eau* par *redressement, augmentation de largeur, de profondeur,* etc. Quand je suis entré dans les détails, je me suis aperçu que, trouvant juste et convenable ce que j'avais présenté comme règle au premier chapitre, je ne pouvais que répéter les mêmes dispositions ; qu'il était alors plus simple, plus naturel de fondre les trois genres de travaux sous une même rubrique.

La seule objection sérieuse qui pourra être faite à mon système sera celle-ci : ne serait-il point préférable d'abandonner aux communes et aux propriétaires intéressés la confection des travaux d'amélioration ainsi que cela s'est pratiqué jusqu'à ce jour ? Je réponds que l'expérience du passé doit nous éclairer sur l'imperfection qui s'attache aux travaux faits par des particuliers. L'admirable système de viabilité vicinale qui a doublé la valeur des propriétés rurales est due à l'exécution administrative des travaux même d'association communale.

Une seule différence devait exister pour l'entretien des travaux contre l'inondation et des travaux relatifs à l'amélioration des cours d'eau non navigables, constituant une nouvelle largeur, une nouvelle profondeur ; je l'ai signalée, art. 47 et 130.

Art. 2. Les travaux seront autorisés dans la forme des règle-

Plus la volonté du législateur sera simple, une, logique, mieux elle sera saisie.

Que le propriétaire puisse comprendre la relation nécessaire de ses intérêts de conservation avec la quotité des sacrifices demandés sans le secours d'interprétations et de renvois à des lois obscures; qu'il soit bien convaincu que sa propriété est placée sous la protection des formes contentieuses; il ne fera plus d'opposition, il secondera les vues de l'administration, et la loi sera exécutée.

II. Le législateur peut tout, mais il ne doit pas tout faire. Il est même appelé parfois à modérer l'application d'une ancienne loi tombée en désuétude ou dont l'exécution a été paralysée par des circonstances diverses.

A la rigueur, dans les lois des 16 septembre 1807 et 14 floréal an XI, on pourrait puiser des armes offensives contre les propriétaires riverains des cours d'eau, leur opposer l'obligation légale de l'entretien et du curage à laquelle ils ne pouvaient échapper à aucune époque, les forcer à faire des travaux considérables pour rendre aux cours d'eau, non pas leur mode d'écoulement primitif, car leur origine se perd dans la nuit des temps et leur formation successive n'a pas d'origine connue, mais le lit qu'avaient fixé et déterminé d'anciens édits ou arrêtés des parlements ou des états provinciaux.

D'un autre côté, la grande question de la propriété particulière des cours d'eau non navigables ni flottables avant la Révolution au profit des anciens seigneurs, depuis 1789 en faveur des riverains, question qui a été si diversement appréciée, examinée et jugée, ne permettrait pas de traiter avec autant de rigueur les prétendus usurpateurs d'une partie de ce domaine particulier : on comprend ma pensée, inutile de la développer (voy. *supra*, p. 14, mes observations préliminaires).

Le sénat lui-même, dans la proposition rédigée par M. CASABIANCA. (*Moniteur* du 24 août 1857, p. 926), est entré dans cet ordre d'idée en disant : « Il peut arriver que le lit ait été presque entièrement comblé « par des atterrissements successifs. Les eaux ne rencontrant plus une « pente naturelle, cessent de s'écouler, se répandent dans les campagnes « et y forment des mares infectes ; il faut alors creuser le lit à nouveau ; « les ouvrages devenus difficiles et plus dispendieux acquièrent l'impor- « tance d'une entreprise d'utilité générale. »

Ces considérations revêtent une nouvelle force des projets qu'ont en vue les lois nouvelles destinées à mettre les villes et les campagnes à l'a-

ments d'administration publique (1), après l'accomplissement des
formalités prescrites dans les art. 9 *bis* à 19.

Art. 3. Il ne pourra être établi sur les parties submersibles des
rives des cours d'eau, aucune digue, sans qu'une déclaration ait
été préalablement faite à l'administration, qui aura le droit d'interdire ou de modifier le travail.

Art. 4. Dans les vallées protégées par des digues, sont considérées comme submersibles les surfaces qui seraient atteintes par
les eaux, si les levées venaient à être rompues ou supprimées.
Ces surfaces seront indiquées sur des plans tenus à la disposition
des intéressés.

Art. 5. Toute digue établie et qui sera reconnue faire obstacle
à l'écoulement des eaux ou restreindre d'une manière sensible le
champ des inondations, pourra être déplacée, modifiée ou supprimée, par ordre de l'administration, sans paiement d'une indemnité de dommages.

Art. 5 *bis*. Les départements, communes et particuliers auront
toujours le droit de demander l'exécution des travaux au paiement desquels ils auront contribué, ou le remboursement des som-

bri des inondations. Le curage, tel qu'il était dans l'esprit de la loi de
l'an XI, disparaît évidemment devant l'exécution de travaux qui nécessi-
teront l'élargissement, le redressement de presque tous les lits anciens des
cours d'eau non navigables, la construction de nouveaux ponts, de nouvelles levées, de canaux, de barrages, de digues, etc., etc.

Il me semble donc exact de retrancher du nouveau système sur le régime des eaux tout ce qui se rattache au curage, qui, ou sera englobé,
qu'on me passe l'expression, dans la masse des travaux contre les inondations, ou ne sera plus qu'un simple *entretien*. Aussi, au régime naturel
des eaux non navigables, ne me préoccuperai-je que de l'entretien, de
son mode spécial, et de la surveillance qui devra s'y rattacher.

Seulement, dans la répartition des dépenses nécessaires pour les travaux appelés *d'amélioration* ou destinés à prévenir les inondations, les
Tribunaux administratifs devront prendre en considération l'état des
lieux, la négligence ou les fautes des riverains, les obligations méconnues, les empiètements évidents, etc., etc.

(1) C'est-à-dire par décret de l'EMPEREUR, rendu sur avis du Conseil
d'Etat tout entier.

mes payées par eux, si ces travaux n'étaient pas exécutés dans les cinq ans du décret qui les aura prescrits.

SECTION DEUXIÈME.

Répartition des dépenses.

Art. 6. Les départements, les communes et les propriétaires concourront aux dépenses des travaux, dans la proportion de leur intérêt respectif.

Art. 7. La part de dépenses mise à la charge des départements ou des communes, sera inscrite au budget départemental ou communal, comme dépense obligatoire.

Art. 8. La répartition entre les propriétaires intéressés de la part de dépenses mises à leur charge, sera faite dans les formes qui vont être désignées.

Art. 9. Dans l'expression : *propriétaires intéressés*, sont compris l'Etat, les départements, les communes, pour les routes, chaussées, levées, ponts, aqueducs, propriétés particulières, les usiniers et les riverains plus ou moins éloignés du cours d'eau.

SECTION TROISIÈME.

Formes des autorisations et déclarations prévues par les articles 2 et 3.

§ 1er. — *Formalités des enquêtes.*

Art. 9 *bis* à 19. Dispositions des art. 1 à 11 du décret du 15 août 1858 (*suprà*, p. 31) (1).

§ 2. — *Formalités à suivre pour l'exécution des digues dans les parties submersibles.*

Art. 20 à 26. Dispositions des art. 12 à 18 du même décret (*suprà*, p. 34).

(1) Ce décret est trop récent pour que je puisse espérer des modifications qui m'auraient cependant paru nécessaires, dans l'intérêt de la propriété. Aussi je m'abstiens de toute réflexion à ce sujet.

SECTION QUATRIÈME.

Formes de la répartition de la dépense entre les parties intéressées (1).

§ 1er. — *Nomination d'une commission communale.*

Art. 27. Dans chaque commune, les propriétaires inscrits sur la liste électorale seront réunis, par un arrêté du préfet, sous

(1) On ne peut se dissimuler que la répartition équitable entre les propriétaires intéressés de la dépense est une des parties les plus délicates de la matière. Le propriétaire va être obligé de payer. Il sera touché d'une manière sensible dans sa fortune. L'égalité proportionnelle de la répartition sera la pierre de touche de toutes les opérations. Quelle qu'en soit l'immense utilité, les travaux ne seront acceptés par les populations qu'autant qu'à chacun sera attribuée une part égale à son intérêt.

L'appréciation de cet intérêt est si variable, si mobile, si incertaine, si obscure que personne ne peut se flatter d'arriver à une répartition exacte et mathématique. C'est donc seulement une approximation qui sera le but de tout homme sage et réfléchi. Ce qu'il importe surtout, c'est d'entourer cette répartition de formes si protectrices que chacun puisse dire, la main sur la conscience : *On ne pouvait pas faire autrement.*

Ce n'est pas la loi du 16 septembre 1807 qui pourrait nous offrir un flambeau directeur. C'est la pratique seule qui a pu révéler les inconvénients et les avantages, et c'est à la pratique que j'emprunte la majeure partie des dispositions qu'on va lire.

Je n'ai pas parlé des commissions spéciales, parce qu'il m'a été plusieurs fois démontré que c'était un rouage complètement inutile. Composées d'hommes le plus souvent fort inexpérimentés quoique très-honorables, elles n'offrent aucune garantie et ne remplacent pas les Conseils de préfecture, tribunaux naturellement appelés à statuer sur ces matières.

Je n'ai pas pensé que la loi dût abandonner des règlements d'administration publique, qui seraient rendus à l'occasion de chaque opération (1),

(1) « On a, il est vrai, suppléé à la loi par des décrets partiels, rendus à mesure que « les travaux ont paru nécessaires dans les divers fleuves ; mais le régime d'une loi géné- « rale est toujours préférable, LORSQU'IL S'AGIT DES GARANTIES DE LA PROPRIÉTÉ. » (*Extrait textuel du rapport de M.* CASABIANCA, *Moniteur* du 24 août 1857.)

la présidence du maire, d'un adjoint ou d'un membre du conseil municipal, pour nommer une commission composée de cinq, huit ou dix membres, selon la population de la commune (1).

Art. 28. Les membres de cette commission prêteront serment entre les mains de M. le préfet ou de M. le sous-préfet de l'arrondissement.

Art. 29. Cette commission choisira son président et son secrétaire et tiendra copie de chacune de ses délibérations. Ses fonctions seront gratuites.

Art. 30. Cette commission aura pour mission de représenter tous les propriétaires de la commune dans toutes les opérations qui précèderont l'arrêté de classement dont il va être parlé dans les art. 37, 40 et 41.

§ 2. — *Nomination et opération d'experts.*

Art. 31. Trois experts seront choisis par la commission pour

le soin de déterminer les formes, parce que l'uniformité de ces formes est tout aussi désirable que les règles elles-mêmes qui concernent le fond, et que cette uniformité appliquée dans toute la France produira nécessairement des réformes utiles amenées par une fréquente et longue application (voy. ce que j'ai dit p. 352 aux *observations préliminaires*).

Il serait fort intéressant de rapporter textuellement ici les observations faites en Belgique sur le projet du gouvernement par les Conseils provinciaux, les gouverneurs, les ingénieurs et M. Clément LABYE sur ce qu'on doit entendre par *parties intéressées* dans les opérations relatives à l'amélioration du cours des eaux. Mais je dois me contenter d'y renvoyer comme à un document précieux à consulter, p. 106 et suiv.

On y verra de combien de garanties on veut entourer les réclamations des propriétaires ; ce que l'on doit entendre par *intérêt suivant l'étendue d'une propriété riveraine, en long ou en large*, par *commune intéressée*, etc., etc. C'est à l'occasion du curage et de l'entretien des cours d'eau que ces diverses difficultés ont été examinées en Belgique ; mais elles sont toujours les mêmes pour toutes les natures de travaux.

(1) Je n'imposerais aucune condition de cens ni de riveraineté, parce que l'intérêt des habitants les portera toujours à choisir les plus capables et les plus dignes.

faire les travaux préparatoires. Ils prêteront serment entre les mains de M. le préfet.

Art. 32. Aux experts seront remis, sans frais,

1º Par M. le directeur des contributions directes : un extrait séparé du plan cadastral de chaque commune ; un extrait des matrices cadastrales par chaque commune, comprenant tout ce qui a rapport aux propriétés situées à proximité des deux rives du cours d'eau , sur une distance de 300 mètres de chaque côté.

2º Par M. le préfet, une copie de tous les anciens arrêts règlementaires ou édits antérieurs à 1789, des arrêtés pris par l'administration départementale depuis 1789 jusqu'à ce jour ; des rapports d'experts, travaux préparatoires ou définitifs de commissions syndicales ayant opéré à diverses époques ; de tous documents enfin de nature à éclairer les travaux des experts.

Art. 33. Les experts seront accompagnés, dans leurs opérations, par un agent-voyer ou autre agent choisi par M. le préfet, qui aura toujours le droit de faire consigner ses observations sur le procès-verbal des experts.

Art. 34. Les membres de la commission auront le droit d'accompagner les experts et de faire consigner leurs observations sur le procès-verbal.

Art. 35. Le jour où les experts devront commencer leurs opérations sera fixé par arrêté de M. le préfet, lequel arrêté sera inséré dans le journal de l'arrondissement, affiché dans la commune, et notifié tant à M. le maire qu'à chacun des membres de la commission.

Art. 36. Les experts auront pour mission de prendre tous les renseignements nécessaires, de faire toutes applications de plans, d'actes, d'arrêtés, de titres, et d'entendre les habitants de la commune qui se présenteront devant eux pour constater :

1º A quelle hauteur s'est élevé le cours d'eau lors des plus grandes inondations, dans une période de trente années ; et à quelle hauteur il s'est élevé dans les inondations normales ;

2º Quelle est la largeur et la profondeur actuelle du cours d'eau ;

3º Quelles ont été les hauteurs et largeurs du cours d'eau dans les temps les plus anciens ;

4º Quelles sont les causes de rétrécissement du lit du cours d'eau et de son élévation ;

5o Quel est l'état des noues et fossés, canaux des moulins ou autres usines, conduits ou réservoirs d'eau naturels ou artificiels considérés dans leur ensemble comme devant concourir à l'écoulement des eaux des coteaux ou des vallons voisins dans le lit principal du cours d'eau ;

6o Quel est l'état des usines, des barrages, des digues, des jetées, des levées, des ponts, des chemins de fer, canaux, routes ou chemins appartenant à l'Etat, aux départements, aux communes ou aux particuliers ;

7o La statistique exacte du revenu par hectare des diverses natures des terrains compris dans le périmètre des plus hautes inondations, et des pertes éprouvées par les propriétaires dans une période de trente années ;

8o La statistique du classement des terres comprises dans ce périmètre, et de leur évaluation imposable d'après le revenu porté à la matrice cadastrale ;

9o Le nivellement en long et en travers des propriétés submersibles lors des plus grandes inondations, indiquant aussi, dans une seconde partie, un pareil nivellement pour les propriétés soumises aux débordements ou inondations des années ordinaires ;

10o Les changements résultant des mutations de propriété depuis la confection du plan cadastral.

Art. 37. Les experts dresseront, sur le vu des divers documents qu'ils auront réunis et des diverses opérations susmentionnées et consignées dans le procès-verbal, le classement des terres submersibles en trois zônes, et dans chacune des zônes en trois natures différentes. Ils appliqueront ensuite à chaque parcelle la portion de la somme totale imposée à la commune, qui devra être payée par chaque propriétaire de terres, d'usine, de maison, de digues, de barrage, de levée, de ponts, etc., etc.

§ 3. — *Droit d'opposition des parties intéressées et arrêté d'exécution.*

Art. 38. Le travail des experts sera déposé à la mairie et devra y rester déposé pendant un mois à dater du jour où le maire et chacun des membres de la commission aura reçu notification du dépôt et du jour où le dépôt aura été annoncé

par voie d'affiche et d'insertion dans un journal de l'arrondissement.

Art. 39. Pendant ce délai, chacune des parties intéressées et
portées sur l'état dressé par les experts, comme devant payer une
quotité d'impôt, aura le droit de former une opposition motivée;
le même droit appartiendra à la commission.

Art. 40. Dans les quinze jours qui suivront la décision du
Conseil de préfecture, ou, en cas de pourvoi, dans les quinze
jours de la notification du décret contentieux, le préfet rendra
exécutoire le projet de rôle des experts, en se conformant aux
décisions émanant des Tribunaux administratifs.

Art. 41. Si dans le mois indiqué par l'art. 38 aucune opposition n'a été déposée à la préfecture, le préfet rendra exécutoire le rôle provisoire dressé par les experts, qui deviendra
définitif et contre lequel aucun recours ne pourra être admis,
à moins que l'arrêté ne s'écartât des bases contenues dans le
rapport.

Art. 42. La partie de dépense définitivement attribuée à chaque
propriétaire sera recouvrée au moyen d'un rôle rendu exécutoire
par le préfet et perçue comme en matière de contributions
directes.

SECTION CINQUIÈME.

Entretien des travaux.

Art. 43. Une commission permanente, composée de vingt-cinq
membres par département, nommée par décret de l'Empereur,
sera chargée de veiller à la conservation des travaux, de faire,
tous les trois mois, un rapport au préfet, dont copie sera envoyée
au ministre des travaux publics.

Art. 43 *bis*. Chaque année, un arrêté spécial émané du préfet,
sur l'avis de la commission permanente, déterminera les travaux
d'entretien des travaux destinés à mettre les villes et les campagnes à l'abri des inondations et des travaux d'amélioration des
cours d'eau navigables et flottables.

Art. 44. Cet arrêté sera publié, affiché, notifié, précédé d'une
enquête, suivi d'un arrêté définitif.

Art. 45. A ces deux arrêtés sont applicables les art. 9 *bis* à 19, 38 à 42.

Art. 46. La dépense d'entretien sera payée au prorata des sommes capitales payées pour la confection même des travaux. Elle sera exigible dans la forme applicable aux contributions publiques.

Art. 47. L'entretien des travaux pratiqués pour l'amélioration des cours d'eau non navigables ni flottables rentrera dans l'entretien du cours d'eau lui-même, dont il est parlé art. 130 (1).

SECTION SIXIÈME.

Contraventions.

Art. 48. Toute dégradation des travaux exécutés sur tous les cours d'eau navigables et flottables, non navigables ni flottables, pour mettre les villes et les campagnes à l'abri des inondations, sera considérée comme contravention de grande voirie.

SECTION SEPTIÈME.

Compétence judiciaire et administrative.

§ 1er. — *Compétence judiciaire.*

Art. 49. Toutes les fois que, pour l'exécution des travaux contre les inondations ou pour l'amélioration des cours d'eau, l'enlèvement d'une parcelle de propriété sera nécessaire, l'administration, avant d'en prendre possession, devra suivre les formalités diverses prescrites par la loi du 3 mai 1841 sur l'expropriation pour cause d'utilité publique.

Art. 50. La même règle sera applicable au cas où les travaux nuiront, en tout ou en partie, à la force motrice d'une usine, à

(1) Il serait injuste de faire payer aux propriétaires riverains l'entretien des travaux qui doivent prévenir les inondations; mais il est convenable de leur faire supporter, dans les proportions indiquées aux art. 127 et suiv., l'entretien du lit ordinaire du cours d'eau. Il sera facile de distinguer les deux espèces, les deux natures de travaux, et de leur appliquer les règles différentes qui les concerneront.

une prise d'eau, à un pont (1), ou à tout autre travail d'art, propriété du riverain ou d'une commune.

Art. 51. Dans le cas où il s'élèverait une difficulté sur la largeur naturelle d'un cours d'eau, ou sur la valeur d'une concession d'une usine, ou du prétendant à une prise d'eau, il sera sursis à la fixation de l'indemnité réclamée pour dépossession jusqu'après la décision de l'autorité administrative.

§ 2. — *Compétence administrative.*

I. — Conseil d'Etat (2).

Art. 52. Le Conseil d'Etat, en audience publique (3), connaîtra du recours des départements, communes et propriétaires présumés intéressés :

1º Contre le décret rendu après enquête, conformément à l'art. 2;

2º Contre le décret qui déterminera les limites définitives de la partie submersible des vallées, art. 3 et 4.

---

(1) A l'occasion des travaux de curage de rivières non navigables ni flottables, on a agité une question sur laquelle j'ai développé mon opinion, t. 5, p. 36, art. 195, celle de savoir si les communes pouvaient être forcées de payer, exclusivement à leurs frais, les reconstructions des ponts devenus nécessaires à cause des élargissements du cours de l'eau et des divers travaux d'améliorations. Je n'ai pas hésité à décider que c'était une dépense occasionnée dans l'intérêt général et qui devait être supportée par toutes les parties intéressées : riverains, département, communes, usiniers, selon le degré de l'intérêt de chacun. Ce principe me paraît tellement rationnel et exact que je ne conçois vraiment pas comment il a pu être contesté. On dit que la question sera portée devant le Conseil d'Etat.

(2) Je ne parle pas des cas où une des dispositions édictées serait méconnue, parce qu'il y aurait alors violation de la loi ou excès de pouvoir, et que la doctrine et la jurisprudence considèrent toute violation de ce genre comme donnant lieu à l'ouverture d'un recours contentieux (voy. mes *Principes de compétence*, t. 1, p. 137, et t. 2, p. 280, nº 486).

(3) J'aurais pu me dispenser d'ajouter *en audience publique*, parce que l'expression *le Conseil d'Etat connaîtra* doit suffire dans toute matière contentieuse; mais on est si peu d'accord sur la portée des locutions administratives que je préfère être clair en me servant de termes qui ne puissent pas prêter à la controverse.

II. — Ministre des travaux publics.

Art. 53. Le ministre des travaux publics prononcera, sauf recours au Conseil d'Etat :

1o Sur les demandes d'autorisation d'établissement d'une digue, conformément aux art. 3, 20 à 26 ;

2o Sur la suppression, la modification ou le déplacement de digues existantes, soit avant, soit après la promulgation de la loi (art. 5, 20 à 26);

3o Sur les demandes d'exécution de travaux ou de remboursement de sommes payées prévues par l'art. 5 *bis ;*

4o Sur les réclamations des départements et des communes relativement à l'imposition d'office dont il est parlé dans l'art. 7.

5o Sur l'existence légale d'une usine ou d'une prise d'eau existant dans un cours d'eau navigable ou flottable.

III. — Conseil de préfecture.

Art. 54. Le Conseil de préfecture connaîtra, sauf recours au Conseil d'Etat :

1o De l'opposition, autorisée par l'art. 39, au travail des experts ;

2o De l'opposition à l'exécutoire du préfet, en vertu de l'art. 41;

3o Des réclamations contre l'arrêté d'entretien émané du préfet, conformément à l'art. 43 *bis*, et contre la fixation de la part contributive (art. 46) ;

4o De toutes contraventions résultant de dégradations des travaux exécutés (art. 48).

Art. 55. Le Conseil de préfecture sera également compétent, sauf recours au Conseil d'Etat :

1o Pour déterminer la largeur naturelle actuellement existante des cours d'eau, s'il s'élevait des difficultés sur cette largeur contre la demande d'indemnité d'un riverain ;

2o Pour statuer sur l'existence légale d'une usine ou d'une prise d'eau existant dans un cours d'eau non navigable ni flottable.

LIVRE DEUXIÈME.

CHAPITRE PREMIER.

Cours d'eau navigables et flottables (1).

LÉGISLATION EXISTANTE.

(Jurisprudence et doctrine.)

Arrêté du Directoire exécutif du 19 ventôse an VI contenant des mesures pour assurer le libre cours des rivières navigables et flottables (2).

Le *Directoire exécutif,* vu : 1º les art. 42, 43 et 44 de l'ordonnance des eaux et forêts du mois d'août 1669, portant :

« Nul, soit propriétaire, soit engagiste, ne pourra

---

(1) Le principe de la domanialité des cours d'eau navigables et flottables, *de ces chemins qui marchent,* comme a dit Pascal (1), est écrit dans notre ancienne législation et dans les lois nouvelles. Il n'a jamais été méconnu. D'où la conséquence que la coordination des règles concernant le régime de ces eaux est beaucoup plus simple, beaucoup plus facile que pour celles qui concernent les eaux non navigables.

Cependant les termes des lois qui se sont succédé n'ont pas été aussi clairs qu'on eût pu le désirer ; de là sont nées des difficultés qui doivent être tranchées par une loi nouvelle.

(2) Cet arrêté rappelant textuellement les lois anciennes et intermédiaires, il m'a paru inutile de donner ces textes d'une manière distincte. — Un édit d'avril 1683, rapporté par M. DALLOZ, 2e édit., vº *eaux,* t. 19, p. 318, confirmait et étendait les dispositions de la grande ordonnance de 1669.

(1) DAVIEL, t. 1, p. 23, nº 23.

« faire moulins, bâtardeaux, écluses, gords, pertuis,
« murs, plants d'arbres, amas de pierres, de terres,
« de fascines, ni autres édifices ou empêchements nui-
« sibles au cours de l'eau, dans les fleuves et rivières
« navigables et flottables, ni même y jeter aucunes or-
« dures, immondices, ou les amasser sur les quais et
« rivages, à peine d'amendes arbitraires..... Enjoignons
« à toutes personnes de les ôter dans trois mois ; et,
« si aucuns se trouvent subsister après ce temps, vou-
« lons qu'ils soient incessamment ôtés et levés aux
« frais et dépens de ceux qui les auront faits ou cau-
« sés, sur peine de cinq cents livres d'amende tant
« contre les particuliers que contre les *fonctionnaires*
« *publics* qui auront négligé de le faire.....

« Ceux qui ont fait bâtir des moulins, écluses, van-
« nes, gords et autres édifices dans l'étendue des fleu-
« ves et rivières navigables et flottables sans en avoir
« obtenu la permission, seront tenus de les démolir ;
« sinon, le seront à leurs frais et dépens ;

« Défendons à toutes personnes de détourner l'eau
« des rivières navigables et flottables, ou d'en affaiblir
« et altérer le cours par tranchées, fossés ou canaux,
« à peine, contre les contrevenants, d'être punis
« comme usurpateurs, et les choses réparées à leurs
« dépens ; »

2º L'art. 2 de la loi du 22 novembre = 1er décembre
1790, relative aux domaines nationaux, portant que
« les fleuves et rivières navigables, les rivages, lais et
« relais de la mer..... et, en général, toutes les por-
« tions du territoire national qui ne sont pas suscepti-
« bles d'une propriété privée, sont considérées comme
« des dépendances du domaine public ; »

3° Le chapitre 6 de la loi en forme d'instruction, du 12=20 août 1790, qui charge les administrations de département « de rechercher et indiquer les moyens de « procurer le libre cours des eaux ; d'empêcher que « les prairies ne soient submergées par la trop grande « élévation des écluses, des moulins, et par les autres « ouvrages d'art établis sur les rivières ; de diriger en- « fin, autant qu'il sera possible, toutes les eaux de « leur territoire vers un but d'utilité générale, d'après « les principes de l'irrigation ; »

4° L'art. 10 du titre III de la loi du 16=24 août 1790, sur l'organisation judiciaire, qui charge le juge de paix de connaître, entre particuliers, « sans appel « jusqu'à la valeur de cinquante livres, et à charge « d'appel à quelque valeur que la demande puisse mon- « ter..... des entreprises sur les cours d'eau servant à « l'arrosement des prés, commises pendant l'année ; »

5° L'art. 4 de la 1re section du titre Ier de la loi du 28 septembre=6 octobre 1791, sur la police rurale, portant « que nul ne peut se prétendre propriétaire ex- « clusif des eaux d'un fleuve ou d'une rivière naviga- « ble ou flottable ; »

6° Les art. 15 et 16 du titre II de la même loi, por- tant :

« Personne ne pourra inonder l'héritage de son voi- « sin, ni lui transmettre volontairement les eaux d'une « manière nuisible, sous peine de payer le dommage, « et une amende qui ne pourra excéder la somme du « dédommagement. »

« Les propriétaires ou fermiers des moulins ou usi- « nes construits ou à construire, seront garants de tous « dommages que les eaux pourraient causer aux che-

« mins ou aux propriétés voisines par la trop grande
« élévation du déversoir ou autrement ; ils seront for-
« cés de tenir les eaux à une hauteur qui ne nuise à
« personne, et qui sera fixée par l'administration du
« département, d'après l'avis de l'administration de
« district : en cas de contravention, la peine sera une
« amende qui ne pourra excéder la somme du dédom-
« magement ; »

7º La loi du 21 septembre 1792, portant que, « jus-
« qu'à ce qu'il en ait été autrement ordonné, les lois
« non abrogées seront provisoirement exécutées ; »

Considérant qu'au mépris des lois ci-dessus, les rivières navigables et flottables, les canaux d'irrigation et
de desséchement, tant publics que privés, sont, dans
la plupart des départements de la République, obstrués
par des bâtardeaux, écluses, gords, pertuis, murs,
chaussées, plants d'arbres, fascines, pilotis, filets dor-
mans et à mailles ferrées, réservoirs, engins permanents, etc. ; que de là résultent non-seulement l'inondation des terres riveraines et l'interruption de la
navigation, mais l'atterrissement même des rivières et
canaux navigables, dont le fond, ensablé ou envasé,
s'élève dans une proportion effrayante ; qu'une plus
longue tolérance de cet abus ferait bientôt disparaître
le système entier de la navigation intérieure de la République, qui, lorsqu'il aura reçu tous ses développements par des ouvrages d'art, doit porter l'industrie et
l'agriculture de la France à un point auquel nulle autre nation ne pourrait atteindre ;

Considérant que, pour assurer à la République les
avantages qu'elle tient de la nature et de sa position
entre l'Océan, la Méditerranée et les grandes chaînes

de montagnes d'où partent une foule de fleuves et de rivières secondaires, il ne s'agit que de rappeler aux autorités constituées et aux citoyens les lois existantes sur cette matière ;

En vertu de l'art. 144 de la Constitution, ordonne que les lois ci-dessus transcrites seront exécutées, selon leur forme et teneur : et en conséquence ,

Arrête ce qui suit :

Art. 1er. Dans le mois de la publication du présent arrêté, chaque administration départementale nommera un ou plusieurs ingénieurs et un ou plusieurs propriétaires pour, dans les deux mois suivants, procéder, dans toute l'étendue de son arrondissement, à la visite de toutes les rivières navigables et flottables , de tous les canaux d'irrigation et de dessèchements généraux, et en dresser procès-verbal, à l'effet de constater :

1° Les ponts, chaussées, digues, écluses, usines, moulins, plantations, utiles à la navigation, à l'industrie, au dessèchement ou à l'irrigation des terres ;

2° Les établissements de ce genre, les bâtardeaux , les pilotis, gords, pertuis, murs, amas de pierres, terres, fascines, pêcheries, filets dormants et à mailles ferrées, réservoirs, engins permanents, et tous autres empêchements nuisibles au cours de l'eau.

2. Copie de ce procès-verbal sera envoyée au ministre de l'intérieur.

3. Les administrations départementales enjoindront à tous propriétaires d'usines, écluses, ponts , bâtardeaux, etc., de faire connaître leurs titres de propriété, et, à cet effet, d'en déposer des copies authentiques aux secrétariats des administrations municipales, qui

5

les transmettront aux administrations départementales.

4. Les administrations départementales dresseront un état séparé de toutes les usines, moulins, chaussées, etc., reconnus dangereux ou nuisibles à la navigation, au libre cours des eaux, aux desséchements, à l'irrigation des terres, mais dont la propriété sera fondée en titres.

5. Elles ordonneront la destruction, dans le mois, de tous ceux de ces établissements qui ne se trouveront pas fondés en titres, ou qui n'auront d'autres titres que des concessions féodales abolies.

6. Le délai prescrit par l'article précédent pourra être prorogé jusques et compris les deux mois suivants : passé lesquels, hors le cas d'obstacles reconnus invincibles par les administrations centrales, la destruction n'étant pas opérée par le propriétaire, sera faite à ses frais et à la diligence du commissaire du Directoire exécutif près chaque administration centrale.

7. Ne pourront néanmoins les administrations centrales ordonner la destruction des chaussées, gords, moulins, usines, etc., qu'un mois après en avoir averti les administrations centrales des départements inférieurs et supérieurs situés sur le cours des fleuves ou rivières, afin que celles-ci fassent leurs dispositions en conséquence.

8. Les administrations centrales des départements inférieurs et supérieurs qui auront sujet de craindre les résultats de cette destruction, en préviendront sur-le-champ le ministre de l'intérieur, qui pourra, s'il y a lieu, suspendre l'exécution de l'arrêté par lequel elle aura été ordonnée.

9. Il est enjoint aux administrations centrales et mu-

nicipales, et aux commissaires du Directoire exécutif
établis près d'elles, de veiller avec la plus sévère exac-
titude à ce qu'il ne soit établi, par la suite, aucun
pont, aucune chaussée permanente ou mobile, aucune
écluse ou usine, aucun bâtardeau, moulin, digue, ou
autre obstacle quelconque au libre cours des eaux dans
les rivières navigables et flottables, dans les canaux
d'irrigation ou de dessèchements généraux, sans en
avoir préalablement obtenu la permission de l'administration centrale, qui ne pourra l'accorder que de
l'autorisation expresse du Directoire exécutif.

10. Ils veilleront pareillement à ce que nul ne détourne le cours des eaux des rivières et canaux navigables ou flottables, et n'y fasse des prises d'eau ou
saignées pour l'irrigation des terres, qu'après y avoir
été autorisé par l'administration centrale, et sans pouvoir excéder le niveau qui aura été déterminé.

11. Les propriétaires de canaux des dessèchements
particuliers ou d'irrigation ayant à cet égard les mêmes
droits que la nation, il leur est réservé de se pourvoir
en justice réglée, pour obtenir la démolition de toutes
usines, écluses, bâtardeaux, pêcheries, gords, chau-
sées, plantations d'arbres, filets dormants ou à mailles
ferrées, réservoirs, engins, lavoirs, abreuvoirs, prises d'eau, et généralement de toute construction nuisible au libre cours des eaux et non fondée en droits.

12. Il est défendu aux administrations municipales de
consentir à aucun établissement de ce genre dans les
canaux de dessèchement, d'irrigation ou de navigation
appartenant aux communes, sans l'autorisation formelle
et préalable des administrations centrales.

13. Il n'est rien innové à ce qui s'est pratiqué jus-

qu'à présent dans les canaux artificiels qui sont ouverts
directement à la mer, et dans ceux qui servent à la
fabrication des sels.

14. Le présent arrêté sera imprimé au Bulletin des
Lois, et proclamé dans les communes où les administrations centrales jugeront cette mesure nécessaire ou
utile. Le ministre de l'intérieur est chargé de son exécution.

L'art. 538 du Code Napoléon déclare que

« Les fleuves et rivières navigables ou flottables ne
sont pas susceptibles d'une propriété privée et sont considérés comme des dépendances du domaine public. »

L'art. 644 du même Code est ainsi conçu :

« Celui dont la propriété borde une eau courante,
*autre que celle qui est déclarée dépendance du domaine
public par l'art. 538, au titre de la distinction des
biens,* peut s'en servir à son passage, pour l'irrigation de ses propriétés. »

La loi du 29 floréal an X déclare, dans son art. 1er, que

« Les contraventions en matière de grande voirie,
telles qu'anticipations et toutes espèces de détériora-
tions commises sur les canaux, fleuves et rivières navigables, leurs chemins de halage, francs bords, fossés
et ouvrages d'art, seront constatées, réprimées et
poursuivies par voie administrative (1). »

A dater de 1840, le budget de chaque année renferme une

---

(1) C'est le Conseil de préfecture, sauf recours au Conseil d'Etat, qui
est compétent pour connaître des contraventions de grande voirie.

disposition qui est le véritable complément du principe de l'inaliénabilité et de l'imprescriptibilité du domaine public des cours d'eau navigables et flottables; en voici les termes :

« Continuera d'être faite au profit de l'Etat, et conformément aux lois existantes, la perception des redevances pour permission d'usines et de prises d'eau temporaires toujours révocables sans indemnité sur les canaux et rivières navigables (1). »

Du décret du 22 janvier 1808 *relatif aux chemins de halage*, art. 1er, et de la loi du 15 avril 1829 sur la pêche fluviale, art. 1, 2 et 3, il résulte qu'il appartient au pouvoir exécutif de déclarer les cours d'eau qui devront être considérés comme navigables ou flottables, et de rendre navigables ou flottables ceux qui ne l'ont pas encore été. Dans ce dernier cas, des indemnités doivent être accordées pour la servitude de halage , et pour la privation du droit de pêche.

Une ordonnance du 10 juillet 1835 et un décret du 31 mai 1850 ont désigné les cours d'eau et portions de cours d'eau qui devraient être considérés comme navigables ou flottables.

Le décret de décentralisation du 25 mars 1852 contient des dispositions ainsi conçues :

« ART. 4. Les préfets statueront également sans l'autorisation du ministre des travaux publics, mais sur l'avis ou la proposition des ingénieurs en chef, et conformément aux règlements ou instructions ministérielles, sur tous les objets mentionnés dans le tableau D, ci-annexé.

_____

(1) Dans son rapport, M. CASABIANCA n'a pas fait mention de cette importante disposition.

Tableau D *(extrait)* (1).

« 1º Autorisation, sur les cours d'eau navigables ou flottables, des prises d'eau faites au moyen de machines, et qui, eu égard au volume du cours d'eau, n'auraient pas pour effet d'en altérer sensiblement le régime; 2º autorisation des établissements temporaires sur lesdits cours d'eau, alors même qu'ils auraient pour effet de modifier le régime ou le niveau des eaux; fixation de la durée de la permission..... 6º Constitution en associations syndicales des propriétaires intéressés à l'exécution et à l'entretien des travaux d'endiguement contre la mer, les fleuves, rivières et torrents navigables ou non navigables, de canaux d'arrosage ou de canaux de dessèchement, lorsque ces propriétaires sont d'accord pour l'exécution desdits travaux et la répartition des dépenses; 7º autorisation et établissement des débarcadères sur les bords des fleuves et rivières pour le service de la navigation; fixation des tarifs et des conditions d'exploitation de ces débarcadères; 8º approbation de la liquidation des plus-values ou des moins-values en fin de bail du matériel des bacs affermés au profit de l'Etat ; 9º autorisation et établissement des bateaux particuliers. »

(1) J'ai rapporté, t. 1er, p. 159, une circulaire du ministre des travaux publics du 27 juillet 1852 interprétative et explicative des dispositions du décret.

OBSERVATIONS.

La doctrine et la jurisprudence ont eu peu de questions à examiner et à résoudre sur la matière des eaux navigables et flottables.

En voici le résumé :

1° La propriété des usines ou prises d'eau autorisées avant 1790, soit avant 1566, soit après le fameux édit sur le domaine public, a été confirmée par la législation du 14 ventôse an VII sur les domaines engagés. Nulle critique ne pouvait s'élever contre les autorisations antérieures à 1566. Pour les autorisations postérieures, formant des domaines engagés, la valeur du quart pouvait être demandée. Si elle a été demandée et payée, ou si elle n'a pas été demandée dans les délais prescrits par la loi, les propriétés ont été mises sur la même ligne que celles résultant d'autorisations antérieures à 1566.

2° Si à l'occasion d'une dépossession totale ou partielle d'une usine, l'examen d'un titre de propriété de cette usine est nécessaire, l'autorité compétente pour faire cet examen ne peut être que l'autorité administrative, puisqu'il s'agit d'un acte administratif. Je crois l'avoir démontré (1) en combattant l'opinion de mon honorable collègue et ami, M. CABANTOUS, et un arrêt de la Cour de cassation du 21 mai 1855.

Le Conseil d'Etat a validé le conflit élevé dans cette affaire et consacré mon opinion, le 15 mai 1858 (*Gazette des Tribunaux* du 18 juin).

3° Lorsque des travaux d'utilité publique nuisent à la force motrice d'une usine, ou diminuent une prise d'eau, la loi sur l'expropriation devrait être appliquée.

La Cour de cassation et le Conseil d'Etat sont maintenant d'accord pour ne considérer cette atteinte à la propriété que

_____

(1) *Journal du Droit administratif*, t. 4, p. 328, art. 181.

comme un dommage, et les Conseils de préfecture, sauf recours au Conseil d'Etat, sont déclarés compétents pour en connaître. Je ne puis approuver cette jurisprudence (1).

4° Une difficulté beaucoup plus grave est celle relative à la fixation de la largeur du lit naturel et artificiel des cours d'eau navigables et flottables. J'ai essayé de la traiter (2), et j'ai conclu à la compétence de l'autorité administrative par la voie contentieuse, pour la fixation des limites naturelles des cours d'eau navigables ou flottables, et pour la fixation des limites artificielles, à la charge, dans ce dernier cas, d'une indemnité préalable fixée par le jury.

5° Vient ensuite la détermination des alluvions sous le point de vue de la compétence administrative et judiciaire. Le Code Napoléon (3) pose des règles dont l'application, sous ce rapport, a soulevé des débats interminables dans tout le parcours de nos grands fleuves. J'ai encore examiné cette position (4) et j'ai reconnu la compétence de l'autorité judiciaire lorsqu'une alluvion est contestée à un riverain.

6° Quant aux questions de propriété ou de trouble à la possession entre riverains, elles appartiennent, sans opposition, aux Tribunaux, mais les Conseils de préfecture sont compétents pour réprimer toutes les contraventions de quelque genre qu'elles soient.

Sur ces divers points, les excellents traités de MM. DAVIEL, NADAUD DE BUFFON, GARNIER, DALLOZ, etc., les dictionnaires ou répertoires de MM. DEVILLENEUVE, des rédacteurs du *Journal du palais*, de BLANCHE et BLOCK, renferment des détails qu'on peut consulter avec fruit, et que je crois inutile de reproduire.

(1) Voy. ce que j'ai dit *suprà*, p. 22, *observations préliminaires*.
(2) *Journal*, t. 4, p. 204, art. 173.
(3) Voy., pour la législation existante sur les alluvions, le Code Napoléon, art. 556, 557, 559, 560, 562 et 563.
(4) *Journal*, t. 4, p. 212, art. 173, § 2.

PROJET.

Art. 56. Est considéré comme cours d'eau navigable et flottable celui qui sert à la navigation, ou au flottage avec radeaux, soit naturellement, soit à l'aide de travaux d'art.

SECTION PREMIÈRE.

Déclaration de navigabilité, propriété, alluvions, concessions, halage, travaux de défense.

§ 1er. — *Déclaration de navigabilité.*

Art. 57. En vertu de la loi du 15 avril 1829, sur la pêche fluviale, le pouvoir exécutif a déterminé les cours d'eau ou portions de cours d'eau qui doivent être considérés comme navigables ou flottables (1).

Art. 58. Au pouvoir exécutif, par décret rendu en la forme d'un règlement d'administration publique, il appartient de rendre navigable ou flottable un cours d'eau, sauf les indemnités prévues par la loi du 15 avril 1829, art. 3, et par l'art. 90.

Art. 59. Le décret qui rend un cours d'eau navigable ou flottable n'enlève aucun droit aux propriétaires d'usines, de barrages ou de prises d'eau légalement possédés, dont ils ne peuvent être dépouillés, en tout ou en partie, que par la voie de l'expropriation pour cause d'utilité publique.

§ 2. — *Propriété.*

Art. 60. Les cours d'eau navigables ou flottables font partie du domaine public; ils sont inaliénables et imprescriptibles.

Art. 61. Les îles, îlots, atterrissements qui se forment dans les cours d'eau navigables ou flottables font partie du domaine public, et sont également inaliénables et imprescriptibles. Néanmoins sont valables les ventes qui ont été faites de parties d'un cours d'eau de cette nature, et doit être respectée la propriété de ceux qui

(1) Voy. *suprà*, p. 69.

l'auraient acquise par une possession de trente années, conformément à l'art. 560 du Code Napoléon.

Art. 62. La largeur naturelle et artificielle (1), dans l'intérêt de la navigation et du flottage de tous les cours d'eau de l'empire, sera déterminée dans un délai de cinq années.

Art. 63. L'administration fera, par département, dresser un plan détaillé de tous les cours d'eau navigables et flottables. Ce plan sera divisé en deux zônes, dont l'une déterminera la largeur naturelle, l'autre la largeur artificielle du cours d'eau.

Art. 64. Ce plan sera déposé à la préfecture. Un extrait en sera envoyé à chaque commune. Un arrêté du préfet sera inséré dans un des journaux du département, et affiché dans chaque commune, pour annoncer que l'extrait du plan déposé à la mairie est à la disposition de tous les habitants. Notification de cet arrêté sera fait individuellement à chacun des riverains des parties indiquées comme navigables dans le plan déposé.

Art. 65. Toute partie intéressée aura le droit de remettre à la préfecture, dans les deux mois des publications, affiches et notifications, une opposition motivée.

Art. 66. S'il n'y a aucune opposition, ou dans les trois mois qui suivront la notification de la décision du ministre ou du Conseil d'Etat, le préfet arrêtera définitivement le plan en se conformant aux décisions rendues.

Art. 67. Notification sera faite à chaque riverain intéressé d'avoir à assister à la plantation des bornes qui délimiteront les cours d'eau.

Art. 68. Le droit des riverains, dont les propriétés seront com-

---

(1) On distingue la *largeur naturelle* et la *largeur artificielle* des cours d'eau. Cette dernière largeur est parfois nécessaire dans l'intérêt de la navigation ou du flottage. Cette détermination a donné lieu aux plus graves difficultés en la forme et au fond. J'en ai longuement parlé, t. 4, p. 204. Voy. *suprà*, p. 72, n° 4. En résumé, j'ai reconnu que si la déclaration de la largeur devait appartenir au pouvoir exécutif, le rôle du pouvoir judiciaire, quant à la fixation de l'indemnité au profit des riverains, était presque impossible à tracer d'une manière nette. L'importante affaire *Combalot*, de Lyon, qui a occupé le Conseil d'Etat et la Cour de cassation, en a offert la preuve la plus évidente.

prises dans le lit artificiel, se résoudra en une indemnité qui sera fixée par le jury dans les formes prescrites par la loi du 3 mai 1841.

Art. 69. Dans le cas où, par suite d'inondations, de changement de lit, en tout ou en partie, le cours d'eau serait modifié, les nouvelles déclarations de la largeur nécessaire du lit seront faites en suivant les formes indiquées par les articles précédents.

Art. 69 bis. Les riverains ou concessionnaires d'usines et de prises d'eau ne sont tenus à aucune dépense d'entretien, de curage du lit des cours d'eau navigables ou flottables.

§ 3. — *Alluvions* (1).

Art. 70. Les atterrissements et accroissements qui se forment successivement et imperceptiblement aux fonds riverains d'un

(1) On a fait des *livres* sur cette matière, et quiconque s'en est occupé d'une manière pratique, est demeuré convaincu qu'il existe des difficultés insolubles (voy. *suprà*, p. 72, n° 5).

Le 6 juillet 1835 (*Bulletin des Lois*, 9e série, CXLVIII, n° 335), une loi accorda divers crédits pour le perfectionnement de la navigation des fleuves et rivières y indiqués. Je crois utile de transcrire le passage d'une discussion qui révèle l'esprit du Corps législatif de cette époque sur la nature des alluvions. Cette discussion est rapportée en ces termes par M. DUVERGIER, t. 35, p. 181.

Le projet contenait un article ainsi conçu :

« Sur les points où les travaux destinés au perfectionnement de la navigation contribueront en même temps à la défense des rives, à la protection des propriétés, les propriétaires seront tenus de participer aux frais de l'exécution première et de l'entretien de ces travaux dans la proportion des avantages qu'ils seront appelés à retirer de cette défense et de cette protection.

« A cet effet, les rives du fleuve ou de la rivière seront divisées en circonscriptions ou syndicats, dont les limites seront déterminées par l'administration.

« Les formes suivant lesquelles il sera procédé à la fixation de cette part contributive entre les propriétaires compris dans une même circonscription seront déterminées par un règlement d'administration publique rendu conformément aux dispositions de la loi du 16 septembre 1807.

« Les terrains conquis en avant des rives par suite des travaux seront cours d'eau s'appellent *alluvion*. L'alluvion profite au propriétaire riverain, à la charge de laisser le marchepied ou chemin de halage, conformément à la loi.

Art. 71. Lorsque l'eau courante se retire insensiblement de

dévolus aux syndicats, sauf le droit de préemption à dire d'experts, appartenant au propriétaire riverain, et sans préjudice des droits reconnus à l'État sur les îles, îlots et atterrissement, aux termes de l'art. 560 du Code civil. »

La commission a proposé de retrancher cet article, par le motif que les règles qu'il consacrait sont contenues formellement ou implicitement dans le Code civil et dans la loi du 16 septembre 1807.

« Il y a deux dispositions distinctes dans l'article, a dit M. le rapporteur : le concours forcé des propriétaires aux travaux et la dévolution au syndicat des terrains des atterrissements formés par suite des travaux.

« Le concours forcé résulte de l'art. 33 de la loi du 16 septembre 1807; et que l'art. 4 actuellement en discussion soit ou non adopté, le gouvernement n'en aura pas moins le droit de constater la nécessité des travaux dans l'intérêt des propriétaires, et de les contraindre à y contribuer.

« La dévolution aux syndicats des terrains conquis est une simple interprétation des art. 556 et 557 du Code civil; l'alluvion proprement dite se forme successivement et imperceptiblement, comme le dit l'art. 556; les atterrissements de ce genre s'incorporent en quelque sorte avec les propriétés riveraines; mais, pour que ces atterrissements aient le caractère d'alluvion, il faut que les deux éléments précités se rencontrent, c'est-à-dire que l'atterrissement s'opère successivement et imprescriptiblement. Quant au relais que forme l'eau courante qui se retire de l'une de ses rives en se portant sur l'autre, ou lorsqu'une rivière se détourne de son lit actuel pour s'en creuser un autre, la condition exigée par le Code pour que les terrains délaissés appartiennent aux propriétaires riverains est celle-ci, que les relais aient lieu insensiblement. Les atterrissements qui se forment souvent avec une grande rapidité sur les bords des rivières, par suite des travaux d'ensemble exécutés soit par l'administration, soit par des associations de propriétaires, sont d'une tout autre nature. C'est donc par une extension abusive des art. 556 et 557 du Code civil qu'on a vu des propriétaires qui n'avaient en rien contribué à la dépense de travaux très-coûteux faits par leurs voisins s'emparer des fruits de l'industrie commune. Il y avait là une véritable iniquité contre laquelle les syndicats, formés sur beaucoup de points en vertu de la loi de 1807,

l'une de ses rives en se portant sur l'autre, le propriétaire de la
rive découverte profite de l'alluvion, sans que le riverain du côté
opposé y puisse venir réclamer le terrain qu'il a perdu.

Art. 72. Si le cours d'eau couvre, pendant un temps plus ou
moins long, une partie considérable d'une rive dépassant un hectare, ce terrain rentre dans la possession de l'ancien propriétaire, au moment où le cours d'eau se retire, sans qu'aucune
prescription puisse lui être opposée.

Art. 73. Dans le cas où les atterrissements et accroissements
seraient le résultat nécessaire de travaux d'améliorations exécutés
conformément aux art. 1 et 2, ces alluvions appartiendront aux
riverains en payant une indemnité proportionnelle à la dépense
qu'ils n'auront pas supportée (1).

n'ont cessé de réclamer. Plusieurs Tribunaux ont donné gain de cause aux
syndicats; il faut espérer que la jurisprudence se fixera dans ce sens. La
dévolution aux syndicats ne fait pas obstacle au droit légitime de préemption pour les propriétaires riverains; on conçoit qu'il serait injuste que
le syndicat pût interposer entre le propriétaire ancien riverain et la nouvelle rive un propriétaire nouveau, et priver ainsi le premier des avantages qui résultent de l'accession à la rivière. Le droit de préemption
repose, par analogie, sur l'art. 53 de la loi du 16 septembre 1807. . . .
. . . .
En un mot, le gouvernement reste armé de la loi du 16 septembre
1807. »

« M. Estancelin a proposé un amendement qui reproduisait l'art. 38 de
la loi du 16 septembre 1807, portant que, lorsqu'il y a lieu d'ouvrir ou de
perfectionner des routes ou moyens de navigation propres à exploiter des
bois, mines ou minières, les propriétés de cette espèce doivent contribuer
à la dépense.

« M. le président a fait remarquer qu'on peut bien mettre aux voix
l'abrogation d'un article de la loi de 1807, mais non mettre aux voix un
article de cette loi qui reste en vigueur.

« Sur cette observation, M. Estancelin n'a pas insisté. »

La proposition de M. Estancelin prouve que la loi de 1807 était bien
peu appliquée, et que l'obscurité de ses termes rendait nécessaires des dispositions nouvelles. Voyez ce que j'ai dit de cette loi, *suprà*, p. 38.

(1) Si l'Etat, le département, les communes ont supporté les neuf dixièmes des dépenses, le riverain sera obligé de rembourser à chacune de

Art. 74. A l'expiration de dix années à dater de l'exécution des travaux d'amélioration, les alluvions postérieures seront la propriété exclusive du propriétaire riverain.

Art. 75. La détermination des alluvions se rattachant à la largeur naturelle ou artificielle du cours d'eau, aucun riverain ne pourra pratiquer sur le lit compris dans le plan dressé, ainsi qu'il est dit aux art. 63 et suiv. ci-dessus, aucun ouvrage de nature à faire naître des atterrissements.

Art. 76. Lorsque l'administration pensera qu'une alluvion n'est pas le résultat d'un abandon d'une rive pour se porter sur la rive voisine et que cette alluvion est nécessaire pour la largeur artificielle du lit du cours d'eau, elle devra le faire déclarer dans la forme indiquée ci-dessus, art. 62 et suiv., et le riverain aura droit à une indemnité fixée, comme il est dit à l'art. 68.

Art. 77 et 78. Le propriétaire riverain aura toujours le droit, dans le cas où l'administration ne provoquerait pas la déclaration prévue par l'article précédent, d'exiger que de nouvelles bornes comprennent l'alluvion reconnue, ou déclarée en cas de contestation par les Tribunaux compétents (1).

§ 4. — *Concessions d'usines ou de prises d'eau.*

Art. 79. Au pouvoir exécutif seul il appartient de concéder le droit de construire des usines avec prises d'eau, d'élever un barrage, de pratiquer une prise d'eau pour irrigation, de faire enfin un ouvrage quelconque dans le lit d'un cours d'eau navigable ou flottable.

Art. 80. Les concessions qui pourront être faites à des riverains immédiats ou médiats ne seront jamais que temporaires, et moyennant une redevance annuelle proportionnée à l'avantage accordé et perçu dans la forme des recouvrements des contributions publiques.

ces personnes morales le prix des neuf dixièmes de l'alluvion nouvelle, au prorata de la quotité de dépenses de chacune d'elles.

(1) Pour compléter ce qui concerne les alluvions concernant les cours d'eau navigables, il faut se rapporter aux art. 556, 557, 559, 560, 562 et 563 du Code Napoléon.

Art. 81. Si, avant le terme fixé pour la durée de la concession, l'administration avait besoin de révoquer la concession, une indemnité devrait être accordée au concessionnaire (1).

Art. 82. Quant aux concessions et prises d'eau antérieures au Code Napoléon, quelles qu'aient été les conditions imposées aux concessionnaires, ils ne peuvent en être dépouillés, en tout ou en partie, qu'après une expropriation régulièrement prononcée, et ils ne peuvent être soumis au paiement d'aucune redevance.

Art. 83. Les propriétaires d'usines ou de prises d'eau qui auraient égaré leurs titres de concession, qui n'en auraient jamais eu, ou dont les titres ne contiendraient pas de règlement, pourront obtenir une déclaration de leur possession actuelle, pourvu qu'ils justifient qu'elle remonte à l'époque de la publication du Code Napoléon.

Art. 84. Toute usine ou prise d'eau sans titres, et dont l'existence est postérieure à la publication du Code Napoléon, devra, pour avoir une existence légale, obtenir une concession de l'autorité administrative, laquelle concession ne pourra plus être que temporaire.

Art. 85. Si, par suite d'inondation, d'incendie ou de tout autre évènement de force majeure, une usine ou une prise d'eau sont détruites, en tout ou en partie, le concessionnaire aura le droit, sur sa simple déclaration et sans nouvelle autorisation, de reconstruire ce qui existait avant l'évènement.

Art. 86. En cas d'inexécution des conditions imposées dans l'acte de concession ou de chômage entier pendant deux années, l'administration aura le droit de révoquer les concessions.

§ 5. — *Halage, chemins de halage.*

Art. 87. Les riverains des cours d'eau navigables et flottables,

(1) Dans l'intérêt de l'industrie et de l'agriculture, il me paraît dangereux de faire descendre un véritable bail, une location, moyennant un prix certain, au rang d'une simple permission. On concevrait la révocation sans indemnité, si c'était une permission gratuite ; mais quand il s'agit d'un contrat onéreux et synallagmatique, l'équité veut qu'il soit respecté, et qu'une indemnité soit payée par la partie qui a besoin de le rompre.

en quelque temps que la navigation ou le flottage aient été ou soient établis, sont tenus de laisser, le long des bords pour le halage, du côté où se fait la navigation, 7 mètres 80 centimètres, et de l'autre côté 3 mètres 25 centimètres.

Art. 88. Les riverains ne peuvent planter des arbres, ni tenir clôture ou haie, que sur le côté opposé au cours de l'eau des deux espaces qui doivent être constamment libres (1).

Art. 89. Lorsque, par suite d'une inondation ou d'un éboulement, le terrain laissé libre pour le halage est détruit, le riverain est obligé de rendre constamment libre la même étendue de terrain en longueur et en largeur.

Art. 90. Lorsque le pouvoir exécutif juge nécessaire de rendre navigable ou flottable un cours d'eau qui ne l'est pas, il est payé aux riverains une indemnité proportionnée aux dommages qu'ils éprouvent.

Art. 91. L'administration pourra, lorsque le service n'en souffrira pas, restreindre la largeur des chemins de halage, notamment quand il y aura antérieurement des clôtures en haies vives, murailles ou travaux d'art, ou des maisons à détruire.

§ 6. — *Travaux de défense.*

Art. 92. Les digues, rentrant dans le système général des travaux destinés à mettre les villes et les campagnes à l'abri des inondations, ne peuvent jamais être élevées sur des propriétés riveraines plus ou moins éloignées, sous le prétexte de se préserver du danger de corrosion ou d'éboulement.

Art. 93. Les propriétaires riverains bornés par les cours d'eau ont le droit de construire sur leurs terrains des murs ou des palissades ne s'élevant qu'à fleur de terre, ne reposant jamais dans le lit du cours d'eau et ne pouvant pas arrêter les eaux lorsqu'elles sortent de leur lit naturel ou artificiel (2).

(1) L'ordonnance de 1669 interdit de planter des arbres et faire clôture ou haie dans un second espace de 6 pieds (1 mètre 95 centimètres); mais cette aggravation de servitude me paraît inutile.

(2) Il serait trop sévère et même injuste de forcer les propriétaires à rester témoins des dégradations de cours d'eau capricieux et torrentueux,

SECTION DEUXIÈME.

Contraventions.

Art. 93 *bis*. Les dégradations de toute nature et les contraventions aux dispositions des art. 92 et 93 seront considérées comme des contraventions de grande voirie.

Art. 93 *ter*. Ces contraventions seront constatées par les divers agents de l'administration chargés de constater les contraventions de grande voirie (1).

SECTION TROISIÈME.

Compétence judiciaire et administrative.

§ 1er. — *Compétence judiciaire.*

Art. 94. L'autorité judiciaire est seule compétente :

comme la *Seine*, la *Loire*, la *Garonne*, etc. , sans pouvoir se défendre contre les dangers d'une corrosion évidente. J'ai pu constater, par moi-même, pendant vingt années, le dommage immense occasionné par un cours d'eau à une propriété qui a perdu plus de deux hectares et qui est menacée d'être envahie complètement.

Peut-être pensera-t-on qu'une autorisation administrative devrait être exigée avant qu'on pût faire un travail quelconque sur le bord d'un cours d'eau navigable ou flottable. Je ne suis pas de cet avis, parce que le riverain ne fait qu'user d'un droit naturel, inhérent à sa qualité de propriétaire, et que d'ailleurs le mode d'user du droit étant parfaitement déterminé par la loi, tout excès sera constaté par un procès-verbal, poursuivi, puni, et le travail démoli. Le plus possible, évitons de forcer le propriétaire naturellement défiant, qui connaît rarement les usages et les règles administratives, de s'adresser aux administrateurs. Lorsque l'ordre public, l'intérêt général l'exigent, je n'hésite pas; mais ici je ne vois nul inconvénient à éviter ce circuit et ces lenteurs.

(1) Il me paraît inutile, dans une loi spéciale, d'entrer dans des détails qui concernent une autre matière dont les règles peuvent également être réunies dans un code complet, *la voirie*.

1° Pour connaître d'une question de propriété d'une île ou d'un îlot;

2° Pour décider quel est le caractère d'un atterrissement, s'il est ou non une alluvion appartenant légalement au riverain ;

3° Pour déterminer le prix qui doit être payé par le propriétaire riverain dans le cas prévu par l'art. 73.

Art. 95. Lorsque de la déclaration administrative résultera la nécessité de comprendre dans le lit artificiel d'un cours d'eau une partie des propriétés riveraines, le jury sera appelé, avant toute prise de possession de ce terrain, à fixer le montant de l'indemnité due au propriétaire.

Art. 96. Lorsqu'un cours d'eau est déclaré navigable et flottable, conformément à l'art. 58, l'indemnité due pour la servitude du chemin de halage est fixée par le jury.

Art. 97. Si l'exécution d'un travail pratiqué sur un cours d'eau doit nécessairement occasionner la détérioration successive d'une propriété riveraine, le jury sera également appelé à fixer le montant de l'indemnité due à ce propriétaire.

Art. 98. La connaissance des dommages occasionnés à des propriétés particulières par la construction d'usines ou par des prises d'eau appartiendra au pouvoir judiciaire.

§ 2. — *Compétence administrative gracieuse et contentieuse.*

I. — Gracieuse.

Art. 99. Le préfet préparera l'instruction de toute demande de concession d'usine ou de prise d'eau, mais la concession ne pourra être accordée que par décret, rendu par la voie gracieuse, après avis du Conseil d'Etat, sur le rapport du ministre des travaux publics.

II. — Contentieuse.

1° *Ministre.*

Art. 100. Le ministre des travaux publics prononcera, sauf recours au Conseil d'Etat, après instruction devant le préfet :

4° Sur l'opposition à la déclaration de navigabilité dont il est parlé à l'art. 58 ;

2° Sur l'opposition à la fixation de largeur, autorisée par l'art. 65 ;

3° Sur le règlement d'une usine ou d'une prise d'eau antérieures au Code Napoléon et les demandes de déclarations prévues par l'art. 83 ;

4° Sur les révocations de concessions d'usines ou de prises d'eau pour inexécution des conditions ou pour chômage prolongé pendant deux années ;

5° Sur les difficultés relatives à l'époque de l'existence d'une usine ou d'une prise d'eau, que l'administration soutient être postérieure au Code Napoléon ;

6° Sur la révocation des concessions temporaires avant l'expiration du terme de la concession et le montant de l'indemnité qui pourrait être dû.

2° *Conseils de préfecture.*

Art. 101. Aux Conseils de préfecture il appartient de statuer sur toutes dégradations et contraventions relatives aux cours d'eau navigables et flottables, de prononcer une amende d'un franc à cinq cents francs, d'ordonner la destruction des travaux constituant la contravention et de condamner le contrevenant à des dommages-intérêts vis-à-vis de l'administration et aux dépens.

Art. 102. Ils seront également compétents pour connaître d'une demande reconventionnelle en dommages-intérêts présentée par le prétendu contrevenant et pour condamner l'Etat aux dépens occasionnés par une poursuite dont les riverains seront renvoyés.

CHAPITRE DEUXIÈME.

Cours d'eau non navigables ni flottables.

LÉGISLATION EXISTANTE (1).

(Jurisprudence et doctrine.)

Avant la révolution de 1789, les cours d'eau non navigables n'étaient assujettis à aucune disposition législative. Les lois romaines offraient quelques règles, mais on ne voulait les reconnaître applicables qu'aux cours d'eau navigables ; c'est l'Assemblée constituante qui, dans une de ses admirables instructions auxquelles on s'est plu à donner le titre de loi, a posé le premier principe générateur d'un droit nouveau.

« Les administrations de département doivent rechercher et indiquer les moyens de procurer le libre cours des eaux ; d'empêcher que les prairies ne soient submergées par la trop grande élévation des écluses, des moulins, et par les autres ouvrages d'art établis sur les rivières ; de diriger enfin, autant qu'il sera possible, toutes les eaux de leur territoire vers un but d'utilité générale, d'après les principes de l'irri-

---

(1) Absence complète de disposition positive sur le fond du droit ; incertitude même sur la question de propriété de ces cours d'eau ; quelques règles sur la surveillance et l'entretien appliquées de loin en loin avant 1852, décret de décentralisation du 25 mars 1852, qui attribue aux préfets certaines attributions qu'on avait reconnu appartenir au chef du pouvoir exécutif ; telle est la législation incomplète sur laquelle tant d'auteurs ont écrit d'intéressants ouvrages, CHAMPIONNIÈRE, GARNIER, DAVIEL, etc ; législation sur laquelle personne n'est d'accord, dont tout le monde demande la révision.

gation. » (*Instruction-loi* des 12-20 août 1790, chap. VI.)

On trouve, dans le décret du 28 septembre = 6 octobre 1791 sur la police rurale, tit. II, l'art. 16 ainsi conçu :

16. Les propriétaires ou fermiers des moulins et usines construits ou à construire, seront garants de tous dommages que les eaux pourraient causer aux chemins ou aux propriétés voisines, par la trop grande élévation du déversoir, ou autrement. Ils seront forcés de tenir les eaux à une hauteur qui ne nuise à personne, et qui sera fixée par le directoire du département, d'après l'avis du directoire de district. En cas de contravention, la peine sera une amende qui ne pourra excéder la somme du dédommagement.

Le décret du 13 messidor an III autorise, d'une manière générale, l'administration à faire cesser les abus résultant de l'élévation des eaux pour le service des moulins, à donner aux rivières obstruées ou encombrées un libre cours.

Une loi du 14 floréal an XI sur le curage renferme les dispositions suivantes :

Art. 1er. Il sera pourvu au curage des canaux et rivières non navigables, et à l'entretien des digues et ouvrages d'art qui y correspondent, de la manière prescrite par les anciens règlements, ou d'après les usages locaux.

2. Lorsque l'application des règlements ou l'exécution du mode consacré par l'usage éprouvera des difficultés, ou lorsque des changements survenus exigeront des dispositions nouvelles, il y sera pourvu par le gouvernement, par un règlement d'administration publi-

que, rendu sur la proposition du préfet du département, de manière que la quotité de la contribution de chaque imposé soit toujours relative au degré d'intérêt qu'il aura aux travaux qui devront s'effectuer,

3. Les rôles de répartition des sommes nécessaires au paiement des travaux d'entretien, réparation ou reconstruction, seront dressés sous la surveillance du préfet, rendus exécutoires par lui, et le recouvrement s'en opèrera de la même manière que celui des contributions publiques.

4. Toutes les contestations relatives au recouvrement de ces rôles, aux réclamations des individus imposés et à la confection des travaux, seront portées devant le Conseil de préfecture, sauf le recours au gouvernement, qui décidera en Conseil d'Etat.

Pour l'*usage de l'eau* et les *alluvions*, on peut consulter les art. 644 et 645, 556, 557, 558, 559, 561, 562 et 563 du Code Napoléon dont le texte est dans toutes les mains et que je crois inutile de reproduire.

Le décret de décentralisation du 25 mars 1852 n'a résolu aucune difficulté. En voici les termes, qui n'ont fait, comme je l'ai dit déjà, qu'attribuer au préfet ce qu'un avis du Conseil d'Etat du 16 frimaire an XIV avait déclaré appartenir au chef de l'Etat, en Conseil d'Etat.

ART. 4. Les préfets statueront également sans l'autorisation du ministre des travaux publics, mais sur l'avis ou la proposition des ingénieurs en chef, et conformément aux règlements et instructions ministérielles (1),

(1) J'ai analysé ou rapporté ces règlements ou instructions, t. 1er, p. 157 et 162, art. 22; t. 3, p. 482 et suiv., art. 154.

sur tous les objets mentionnés dans le tableau D, ci-annexé.

Tableau D (1).

3° Autorisation, sur les cours d'eau non navigables ni flottables, de tout établissement nouveau, tel que moulin, usine, barrage, prise d'eau d'irrigation, patouillet, bocards, lavoir à mines; 4° régularisation de l'existence desdits établissements lorsqu'ils ne sont pas encore pourvus d'autorisation régulière, ou modification des règlements déjà existants; 5° dispositions pour assurer le curage et le bon entretien des cours d'eau non navigables ni flottables de la manière prescrite par les anciens règlements ou d'après les usages locaux. Réunion, s'il y a lieu, des propriétaires intéressés en associations syndicales (2).

Appartiennent à la législation existante sur les cours d'eau les lois de 1845 et 1847, dont voici le texte (3) :

1° *Loi du 29 avril 1845 sur les irrigations, ou servitudes de passage et d'écoulement.*

ART. 1er. Tout propriétaire qui voudra se servir, pour l'irrigation de ses propriétés, des eaux naturelles ou

(1) Voy. *suprà*, p. 70, l'autre partie de ce tableau.

(2) Le décret du 25 mars 1852 accorde aussi au tableau A, n° 51, aux préfets l'attribution sur les cours d'eau non navigables ni flottables, en tout ce qui concerne leur élargissement et leur curage. J'ai signalé t. 6, p. 163, art. 234, l'antinomie qui existe entre le tableau A et le tableau D; et j'ai rapporté textuellement la partie de la circulaire du 5 mai 1852 sur le n° 51 du tableau A.

(3) Ces deux lois ont été examinées, commentées et expliquées de la manière la plus claire par mon honorable et savant collaborateur, M. Amb. GODOFFRE, *chef de division à la préfecture de la Haute-Garonne*, t. 3, p. 49, art. 127.

artificielles dont il a le droit de disposer, pourra obtenir le passage de ces eaux sur les fonds intermédiaires, à la charge d'une juste et préalable indemnité.

Sont exceptés de cette servitude, les maisons, cours, jardins, parcs et enclos attenant aux habitations.

2. Les propriétaires des fonds inférieurs devront recevoir les eaux qui s'écouleront des terrains ainsi arrosés, sauf l'indemnité qui pourra leur être due.

Seront également exceptés de cette servitude, les maisons, cours, jardins, parcs et enclos attenant aux habitations.

3. La même faculté de passage sur les fonds intermédiaires pourra être accordée au propriétaire d'un terrain submergé en tout ou en partie, à l'effet de procurer aux eaux nuisibles leur écoulement.

4. Les contestations auxquelles pourront donner lieu l'établissement de la servitude la fixation du parcours de la conduite d'eau, de ses dimensions et de sa forme, et les indemnités dues, soit au propriétaire du fonds traversé, soit à celui du fonds qui recevra l'écoulement des eaux, seront portées devant les Tribunaux, qui, en prononçant, devront concilier l'intérêt de l'opération avec le respect dû à la propriété.

Il sera procédé devant les Tribunaux comme en matière sommaire, et, s'il y a lieu à expertise, il pourra n'être nommé qu'un seul expert.

5. Il n'est aucunement dérogé par les présentes dispositions aux lois qui règlent la police des eaux.

2° Loi du 11 juillet 1847 sur les irrigations, ou droits d'appui.

ART. 1er. Tout propriétaire qui voudra se servir,

pour l'irrigation de ses propriétés, des eaux naturelles ou artificielles dont il a le droit de disposer, pourra obtenir la faculté d'appuyer sur la propriété du riverain opposé les ouvrages d'art nécessaires à sa prise d'eau, à la charge d'une juste et préalable indemnité.

Sont exceptés de cette servitude les bâtiments, cours et jardins attenant aux habitations.

2. Le riverain sur le fonds duquel l'appui sera réclamé pourra toujours demander l'usage commun du barrage, en contribuant pour moitié aux frais d'établissement et d'entretien; aucune indemnité ne sera respectivement due dans ce cas, et celle qui aurait été payée devra être rendue.

Lorsque cet usage commun ne sera réclamé qu'après le commencement ou la confection des travaux, celui qui le demandera devra supporter seul l'excédant de dépense auquel donneront lieu les changements à faire au barrage pour le rendre propre à l'irrigation des deux rives.

3. Les contestations auxquelles pourra donner lieu l'application des deux articles ci-dessus seront portées devant les Tribunaux.

Il sera procédé comme en matière sommaire, et s'il y a lieu à expertise, le Tribunal pourra ne nommer qu'un seul expert.

4. Il n'est aucunement dérogé, par les présentes dispositions, aux lois qui règlent la police des eaux.

OBSERVATIONS.

I. Lorsque j'étudiai cette difficile matière des eaux, il y a vingt ans, avant d'écrire mes *Principes de compétence*, je lus, avec la plus sérieuse attention tous les livres, tous les articles des répertoires, toutes les décisions qui la concernaient, et je ne pus y découvrir une théorie d'ensemble (1).

Je me posai ces diverses questions :

1o A quelle autorité appartient-il de régler tout ce qui concerne l'usage des eaux, ou la concession des usines?

2o A quelle autorité appartient-il de déterminer le caractère d'une usine, pour savoir si ou non elle est autorisée, quelle est la force ou l'étendue de l'autorisation présentée?

3o Dans l'intérêt de la navigation, une usine autorisée peut-elle être détruite en tout ou en partie sans indemnité?

4o A qui appartient-il de fixer le montant de l'indemnité, s'il est décidé qu'une indemnité est due?

5o A qui appartient le droit de faire des règlements d'eau, soit entre plusieurs riverains pour l'irrigation, soit entre plusieurs usiniers pour le mouvement de leurs usines, soit entre des riverains et des usiniers?

6o Le pouvoir qui a le droit d'accorder les concessions, a-t-il aussi le droit d'insérer dans les actes de concessions la condition d'une démolition sans indemnité, dans les cas où l'autorité administrative aurait besoin de l'eau pour la navigation.

7o Les règlements d'eau, quelle que soit leur nature, ne peuvent-ils être jamais l'objet d'un recours contentieux?

8o Les demandes en concession ou en autorisation d'usines rentrent-elles exclusivement dans le domaine de l'administration active au premier chef ou pouvoir gracieux, soit qu'il existe, soit qu'il n'existe pas d'oppositions?

(1) Voy. mes *Principes de Compétence*, t. 1er, p. 35, et t. 2, p. 59, nos 118.

9° Lorsqu'une autorisation a été accordée, le décret ou l'arrêté peuvent-ils être frappés d'opposition par celui qui se prétend blessé dans ses droits ou primitifs ou acquis?

10° Lorsque l'autorité administrative a réglé le cours de l'eau, ou a accordé des concessions, l'autorité judiciaire peut-elle changer la valeur de l'acte administratif, peut-elle en annihiler les effets? quelle est l'étendue de son pouvoir à l'égard des questions de *propriété*, de *conventions privées* et *d'indemnités* qui peuvent surgir entre les parties?

Je cherchai à les résoudre en y appliquant les principes généraux que je venais d'établir dans le livre même, principes que le temps seul pouvait sanctionner si on voulait adopter des règles administratives, et je terminai en ces termes mon exposé : « Mon seul désir est d'appeler la discussion sur un « terrain découvert, de présenter une synthèse facile à em- « brasser d'un seul coup-d'œil ; en relevant mes erreurs, en « combattant mon système, on voudra en présenter un autre « plus complet, la science y gagnera. »

Beaucoup d'ouvrages ont paru depuis 1838 ; aucun n'a relevé mes erreurs ni combattu mon système, mais aucun n'a présenté ni adopté un système quelconque.

Le Conseil d'Etat seul a semblé repousser d'une manière uniforme les tendances contentieuses manifestées dans mon livre. Ainsi, j'aurais désiré que les oppositions aux concessions d'usine, les règlements d'eau partiels, les difficultés entre divers usiniers, les modifications aux règlements d'usines existantes, les fixations de largeur et de profondeur des cours d'eau fussent considérés comme contentieux et vinssent aboutir au Conseil d'Etat, en audience publique ; mais le Conseil, repoussant cette application si naturelle de ses attributions, a presque toujours classé ces difficultés au nombre de celles qui devaient appartenir à l'administration gracieuse.

C'est à cette jurisprudence timidement combattue, quelquefois même approuvée par la doctrine, que j'attribue la confusion qui n'a cessé d'exister dans les esprits à l'occasion des cours d'eau. Il eût été très-facile au Conseil d'Etat de consacrer des règles qui se fussent substituées au silence du législateur et qui auraient tranquillisé les usiniers et les propriétaires (1).

Il est donc facile de concevoir que je ne pourrais, sans faire un volume, un véritable traité, sans reproduire ici ce qui n'est nullement mon intention, ce que j'ai déjà dit dans mes *Principes de compétence* et dans le *Journal*, tracer les théories jurisprudentielles ou doctrinales qui pendant cinquante ans auraient éclairé l'obscurité de la législation.

Il faut même avouer franchement que le temps est arrivé, non pas d'écrire des commentaires, de créer de nouveaux systèmes, mais d'obtenir de la sagesse du gouvernement de l'EMPEREUR une loi forte, complète, protectrice, tout à la fois, des intérêts généraux et des droits des propriétaires riverains.

II. La loi du 14 floréal an XI dont j'ai rapporté le texte, *suprà*, p. 85, est évidemment une législation incomplète. Telle qu'elle est, elle a été l'objet des critiques les plus vives. Un auteur disait qu'au lieu d'*usages locaux* (2), il fallait parler des *abus locaux*. Les *anciens règlements* enfouis dans les archives des Parlements étaient presque partout ignorés ou tombés en désuétude. Le premier article de la loi, qui consacre une espèce de droit coutumier, ne pouvait donc recevoir aucune exécution ; aussi, malgré le zèle et la vigilance de l'administration, cette loi n'a produit que fort peu de résultats depuis un demi-siècle.

(1) On peut consulter dans le *Journal*, *passim*, plusieurs observations que j'ai déjà faites dans le même sens.

(2) « Où sont-ils ces règlements anciens? Au lieu d'usages locaux, il n'y a que des abus locaux. Tout est à refaire dans cette partie de l'administration publique. » — *Essai sur la législation des cours d'eau* de M. DE CHASSIRON, 1818. — Depuis quarante ans, la même pensée a été reproduite sous toutes les formes.

L'art. 2 autorisait le gouvernement, en l'absence de règlements ou d'usages locaux, à déterminer le curage et l'entretien par des règlements d'administration publique.

De nombreux décrets ont essayé de régulariser cette partie
importante du service ; on a puisé des dispositions dans la loi
du 16 septembre 1807, loi dont la clarté est loin d'être satisfaisante, et les plaintes ont été nombreuses sur le mode fixé
pour déterminer la quotité de la contribution qui doit avoir
pour base le degré d'intérêt du riverain.

Cependant la loi de l'an XI ne renvoyait pas à la loi de
1807. Etait-il permis de créer pour l'entretien des cours d'eau
des Tribunaux administratifs spéciaux autres que ceux reconnus dans l'organisation générale du pouvoir exécutif ? Pou-
vait-on imposer la forme du syndicat aux riverains ? pouvait-
on les forcer à reconnaître l'autorité de mandataires nommés
par l'administration ? Ces syndicats pouvaient-ils être autorisés à faire exécuter de véritables travaux d'amélioration, de
redressement, d'élargissement ? Ces syndicats pouvaient-ils
être autorisés à contracter des emprunts considérables ? Sur
toutes ces questions, le doute le plus sérieux est au moins permis.

Chacun comprend que cette partie du régime des eaux devant s'harmoniser avec les grands projets d'amélioration contre
les dangers des inondations, est celle qui appelle le plus le
bienfait de modifications législatives.

Je n'insisterai pas davantage sur l'application pratique de la
loi de l'an XI, parce que je suis convaincu que dans l'état actuel des espérances qu'a fait concevoir la haute sagesse du
gouvernement, les projets en cours d'exécution seront sus-
pendus, et qu'aucun autre ne sera ordonné.

III. Je n'ajouterai plus que quelques mots sur la question de
compétence qui domine la matière des eaux non navigables ni
flottables, celle de savoir si l'autorité administrative a le pouvoir discrétionnaire, PAR LA VOIE GRACIEUSE, de faire les *règle-*

ments d'eau et les actes improprement qualifiés *règlements d'eau,* ou règlements particuliers d'usine, sans se préoccuper des droits acquis par des usiniers ou des riverains. Dans mes *Principes de compétence,* j'ai classé les actes *improprement qualifiés règlements d'eau* dans l'administration active au second chef, ou pouvoir contentieux, et j'ai suivi une jurisprudence, une doctrine presque universelles (1), en admettant que les règlements d'eau avaient été, par déclassement, à cause de la disposition de l'instruction de 1790, dévolus au pouvoir gracieux. Je faisais une bien large concession, comme j'espère le démontrer, et cependant le Conseil d'Etat, surtout dans ces dernières années, n'a admis le recours contentieux dans aucune des positions concernant les usines, prises d'eau, etc., excepté pour excès de pouvoir, cas qui rentre toujours, comme on le sait, dans le contentieux.

J'ai vainement combattu, dans mon journal, la jurisprudence du Conseil d'Etat, en ce qui concerne les règlements partiels des usines ou des prises d'eau.

J'avais eu tort de faire fléchir les principes en matière de règlements d'eau généraux. J'en suis demeuré convaincu

(1) Un seul auteur, très-respectable, M. GARNIER, *Régime des eaux,* 3e édit., t. 4, p. 198, a résisté à cette jurisprudence. On lit, n° 1024 : « Les règlements émanés de l'administration, soit par ordonnance royale, soit par décision ministérielle ou préfectorale, forment réellement une matière contentieuse, puisqu'ils contiennent des obligations ou charges pour quelques riverains, des dispositions avantageuses pour quelques autres ; il est possible qu'ils enlèvent aux premiers ce qu'ils possédaient pour en gratifier ceux-ci, en imposant une servitude onéreuse. Nous croyons, malgré la jurisprudence contraire du Conseil d'Etat, que celui qui serait lésé devrait avoir, *indépendamment même de tout titre positif,* le droit de recourir à ce Conseil par la voie du contentieux, pour faire réformer les dispositions qui lui portent préjudice, en démontrant que l'intérêt public n'exige pas qu'elles soient maintenues. » Les commissions consultatives de 1808 ont été plus loin avec raison en disant : S'il y a titre ou possession légale, une indemnité devra être payée (voy. *infrà,* p. 96 et suiv.).

en étudiant le projet de Code rural de 1808 qui doit projeter
une vive lumière sur des usurpations d'attribution latentes,
et si préjudiciables à la propriété sous une de ses physiono-
mies dignes d'un intérêt particulier (1).

Les usines, moulins, barrages, prises d'eau constituent de
véritables propriétés. Il n'est pas plus permis dans l'intérêt
général, dans l'intérêt public d'y toucher, sans accorder d'indemnité, d'en diminuer l'importance et le produit, qu'il n'est
permis de toucher à un champ, à une maison. Lorsque le
pouvoir exécutif éprouve, dans l'intérêt général, le besoin de
régler entre tous les riverains d'un cours d'eau les droits des
usiniers ou des riverains, ou de régler une seule usine, ou
une seule prise d'eau ; si ces règlements généraux ou partiels
diminuent la force motrice, le produit d'une usine, ou restrei-
gnent la quantité d'eau dont un riverain avait le droit de
jouir, une indemnité est due à l'usinier ou au riverain. Autrement la propriété appelée *usine* ou *prise d'eau* n'en est plus
une ; elle est complètement abandonnée à la discrétion de
l'administration et aux nécessités de l'intérêt public.

J'ai dit que l'étude du projet de Code rural de 1808 m'a-
vait éclairé. En effet, j'y ai trouvé les dispositions les plus
formelles maintenant le respect dû aux propriétés d'usines ou
de prises d'eau basées sur des titres ou sur une possession tri-
cennale. Si j'avais été réduit au texte seul du projet de 1808,

(1) La commission du Sénat a cédé à l'opinion généralement admise
en s'exprimant en ces termes : « Sans être arrêté ni par les titres des
particuliers, ni par d'anciennes possessions, ni même par des règlements
antérieurs, l'autorité administrative fixe et modifie la hauteur des retenues, règle les jours et heures des irrigations, la part afférente à chacun des arrosants, ordonne l'enlèvement de tout ce qui peut s'opposer
au libre écoulement des eaux. Son pouvoir, dans ces divers cas, est en
quelque sorte DISCRÉTIONNAIRE.... » (*Moniteur* du 24 août 1857, n° 236.)
Ainsi envisagé, le pouvoir de l'administration n'est pas seulement discrétionnaire *en quelque sorte,* mais discrétionnaire d'une *manière absolue...,*
ce qui est incompatible avec les droits sacrés de la propriété.

j'aurais pu hésiter encore, parce que ce projet pouvait être l'œuvre d'un seul, et qu'il n'avait pas assez de puissance pour balancer une doctrine contraire.

Mais les commissions consultatives créées dans chaque chef-lieu de Cour impériale et présidées par le préfet ont été, pour ainsi dire, unanimes pour expliquer le projet et lui imprimer un caractère de certitude qu'on ne peut méconnaître; ce sont autant de *parères* qui n'ont pas été consultés, j'en suis convaincu, que je n'ai jamais vu citer ni dans les discussions devant l'autorité administrative ou devant les Tribunaux, ni dans les livres, *parères* qui me paraissent trancher au vif toute difficulté.

Je ne puis pas donner le texte de tous les rapports envoyés, à cette époque, au gouvernement de l'Empereur; je me contenterai d'en extraire quelques-uns qui ont motivé leur adhésion d'une manière plus claire et plus explicite :

La commission d'Agen, examinant le cas où le titre appuyé de la prescription accorderait un point d'eau trop élevé et nuisible à autrui, veut qu'on ne puisse dépouiller le propriétaire sans indemnité, parce que le détenteur est possesseur de bonne foi. — Et la commission de Rouen pense qu'en ce cas l'indemnité doit être supportée par les propriétaires voisins qui souffriraient de la trop grande élévation des eaux.

La commission de Limoges propose la rédaction suivante :
« Si l'usine est d'une nécessité indispensable au pays, elle sera
« conservée ; mais le propriétaire sera tenu d'indemniser à
« dire d'experts et de garantir de tous dommages ceux qui
« souffrent de la trop grande élévation des eaux. Si ce point
« d'eau est établi par titres ou par la prescription légale, il
« n'y a lieu ni à destruction, ni à indemnité, ni à garantie; »
et elle la motive en ces termes : « Il est évident que s'il y a
des titres qui autorisent le point d'eau de l'usine, le propriétaire est censé avoir acquis ce droit à un prix porportionnel au

dommage qu'il pouvait causer. S'il y a prescription légale, les voisins sont censés avoir consenti au dommage ou n'en avoir point éprouvé, ou s'être arrangés de manière à n'en point souffrir pendant la longue durée du temps nécessaire pour acquérir par prescription. Il ne paraît pas juste, dans ces deux cas, de faire supporter au propriétaire de l'usine ou la perte totale de sa propriété, ou des dépenses pécuniaires qu'il s'est déjà imposées lui-même en achetant, ou dont ses voisins l'ont dispensé, en souffrant, sans réclamation pendant trente années, les inconvénients de la hauteur du niveau de l'eau nécessaire à l'usine. »

La commission de BOURGES admet les mêmes principes et les motive ainsi : « Si pour fixer ses idées sur cette question l'on veut se reporter aux divers évènements connus qui y sont relatifs, l'on trouvera beaucoup de partages de famille qui ont fait passer en des mains différentes les usines et les héritages inondés qui précédemment étaient réunis. L'on verra que lors de la vente des biens nationaux les usines et les héritages inondés, qui presque toujours dépendaient des mêmes établissements, ont le plus ordinairement été vendus à des acquéreurs différents. Or, comment les possesseurs actuels de ces divers héritages inondés pourraient-ils réclamer une indemnité pour une plus-value qu'ils n'ont pas acquise et se plaindre d'une détérioration qui est de leur choix ?... »

La commission de BRUXELLES est entrée dans le même ordre d'idées en disant : « Il est bien difficile de présumer que les parties intéressées aient souffert sans cause et sans nécessité pendant trente ans, ou plus, un ouvrage qui, dans un aussi long intervalle, aurait plusieurs fois lésé leurs intérêts..... Assujettir quand il y a titre ou prescription, le propriétaire de l'usine à des dommages-intérêts, c'est le priver d'un droit acquis... (1). »

(1) On voit qu'il ne s'agissait jamais d'enlever à un pour remettre à l'autre sans recours et par la voie gracieuse, ce qui aurait paru mons-

La commission de Paris a exprimé sa pensée en ce peu de mots : « Mais si les cours d'eau traversent plusieurs propriétés, les partages et jouissances des eaux fondés sur titres ou sur la prescription légalement prouvée sont IRRÉVOCABLES ; ils ne peuvent être changés que du consentement de toutes les parties intéressées, A MOINS DE NÉCESSITÉ PUBLIQUE et de PRÉALABLE INDEMNITÉ... (1). »

Qu'a opposé, ou plutôt qu'a déclaré le Conseil d'Etat, à dater de 1830, car auparavant il y avait eu une certaine hésitation, surtout sous le premier empire ? « Un acte qui con-« cerne le règlement des eaux reposant sur des vues d'intérêt « général est un acte de pure administration ; » et tous les auteurs de répéter que « les modifications ordonnées étant « motivées sur des causes d'intérêt public, leur appréciation « appartient souverainement à l'autorité administrative (2). »

Le Conseil d'Etat et les auteurs tranchent la question, mais ne la résolvent pas; car un acte n'est vraiment un acte administratif qu'autant qu'il repose sur des vues d'intérêt général, sur des causes d'intérêt public (3). Ce n'est donc pas parce qu'un acte émanant de l'administration a pour mobile l'intérêt public qu'il rentre dans ce qu'on appelle l'administration pure, c'est-à-dire dans l'administration discrétionnaire ou gracieuse,

___

trueux à cette époque, si l'idée en avait été proposée, mais de forcer un usinier à donner une indemnité, lorsque son usine occasionnait un dommage réel à raison de l'élévation de ses eaux....

(1) Quelle distance *incommensurable* entre cette opinion de l'administration de la capitale représentée par une haute commission, et la doctrine qui considèrerait le règlement des eaux, au mépris de titres ou de possessions sans indemnité, comme un acte de pure administration gracieuse ! !

(2) DAVIEL, 3e édit., t. 2, p. 103, nos 566 et 567, p. 111, no 572, p. 118, no 578, p. 181, no 611, p. 246, no 650, p. 308, no 679; t. 3, p. 401, no 960. Inutile de citer tous les autres auteurs qui n'ont fait que suivre la jurisprudence du Conseil d'Etat.

(3) Voy. mes *Principes de compétence*, t. 2, p. 252, art. 410 et suiv.

et que son appréciation appartient souverainement à l'administration. Il conserve ce caractère uniquement quand il ne
touche qu'à de simples intérêts. Mais lorsque l'intérêt public
est en contact avec le droit, le droit sacré de la propriété,
l'acte n'est plus gracieux, il est essentiellement contentieux.
Parfois même il engendre la compétence judiciaire, par exemple, l'expropriation qui repose bien sur l'intérêt public, sur
l'intérêt général, puisqu'elle n'est autorisée qu'à cette condition ; son nom seul nous l'indique.

Qu'il soit permis une seule fois à l'administration de sacrifier le droit à l'intérêt général, à l'intérêt public sans une juste
indemnité... et on ne sait plus alors où on s'arrêtera... on ne
sait plus quelles doctrines on viendra justifier (1) !

Reste donc, pour la question au fond, à se demander si le
règlement d'eau général, ou l'arrêté qui règle les conditions
nouvelles d'existence d'une usine, qui enlève à l'un pour donner à l'autre, qui fait lever les pelles d'un moulin ou la retenue d'une prise d'eau pour accorder une force motrice ou une
facilité d'irrigation à un nouveau concessionnaire, qui fait
baisser de plusieurs centimètres une retenue d'eau, qui force
une usine à chômer une partie de la journée ou de la semaine,
touche au droit de propriété de l'usinier ou du riverain. Enon-
cer cette proposition, c'est la résoudre. Dirait-on à un propriétaire : Je ne touche pas à votre propriété en vous forçant
à laisser vos terres en friche pendant une année ou en restrei-

---

(1) Voilà pourquoi je n'ai pas hésité, malgré une jurisprudence contraire, à décider qu'une indemnité était due pour les torts et dommages
occasionnés par l'établissement d'un cimetière, d'une place de guerre, etc.
— Voilà pourquoi des lois formelles accordent des indemnités pour la
servitude de halage, la privation d'un droit de pêche, en cas de déclaration de navigabilité.— Voilà pourquoi encore une indemnité est due pour
privation de droits de vue ou de passage par suite de suppressions de
rues, de places ou de promenades, etc. Ce principe est de droit naturel, indispensable au maintien de l'ordre social, et c'est faire acte de
bon citoyen que de protester contre la plus légère atteinte à ce principe.

gnant le nombre de vos bestiaux, etc. ? Toutes ces choses sont
tellement claires qu'elles portent avec elles tous les caractères
d'une démonstration.

Mais, m'objecte-t-on, l'intérêt public, l'intérêt général veulent que vos digues soient abaissées, que vos prises d'eau soient
restreintes. Il faut donc que des considérations aussi puissantes
fléchissent devant ce que vous appelez votre droit particulier.

Non, pas plus que ma propriété tout entière, qui sera prise,
si l'utilité publique l'exige... mais on me paiera une indemnité.

Mais, objecte-t-on encore, avec ce système d'indemnité,
vous entraverez l'exécution des grands travaux d'intérêt général. — Pourquoi n'objecte-t-on pas aussi qu'en forçant à payer
la valeur des terrains expropriés on arrête l'exécution des
grandes entreprises?

Pour qui donc ces grands travaux d'intérêt général? Pour tout
le monde? Que tout le monde paie et les dépenses intrinsèques
des travaux et les dépenses extrinsèques d'indemnité à ceux
qu'on est obligé de frapper. Comment conçoit-on une seule fois,
en administration, qu'il soit juste de faire supporter, pour
l'exécution d'un travail d'utilité publique, un centime de plus à
un propriétaire qu'à tous ceux auxquels ce travail doit profiter?

Et si j'ajoutais que trop souvent, depuis cinquante ans, les
actes de règlements d'eau généraux ou partiels ont frappé les
usiniers, les ont assujettis à des dépenses énormes sans qu'il y
eût une seule dépense mise à la charge des autres propriétaires!... Et si je disais encore combien de fois j'ai été consulté
par des riverains qui préféraient abandonner des usines, bien
patrimonial quelquefois vendu par la nation en 1790, plutôt
que d'exécuter des travaux qui devaient s'élever à une somme
plus considérable que l'usine elle-même!... Et si je disais encore que des dépenses considérables ont été mises à la charge
des usiniers pour frais et honoraires des ingénieurs, conduc-
teurs, piqueurs, etc., toujours en vue de l'utilité publique!...
Mais tout cela n'ajouterait rien à la force de l'argumentation ;
je me contente de l'indiquer comme côté moral de la question.

PROJET.

SECTION PREMIÈRE.

Caractère de ces eaux (1).

Art. 103. Toute eau courante qui n'est ni navigable, ni flottable, ni pluviale, ni source ou fontaine privée, ni résultat d'un forage, est classée, quels que soient sa largeur, sa profondeur et son parcours, parmi les cours d'eau non navigables ni flottables, et soumise au régime sur les eaux, tel qu'il va être déterminé.

§ 1er — *Fixation de la largeur et de la profondeur du lit.*

Art. 104. La largeur et la profondeur du lit de tous les cours d'eaux non navigables ni flottables sera déterminée, dans un délai de cinq années, par l'autorité administrative, en observant les prescriptions qui vont être indiquées dans le paragraphe suivant.

Art. 105. La matrice de chaque cours d'eau contiendra :

1º Son nom ou ses qualifications diverses ;

(1) On a vu *suprà*, p. 14, ce que j'ai dit aux observations préliminaires sur la question de la propriété des cours d'eau non navigables. Ici je la tranche par *prétérition*. Je dois avouer cependant que la position des riverains, en faveur desquels de tout temps ont été reconnus certains avantages et auxquels ont été imposées certaines charges, a exercé une grande influence sur l'agencement des dispositions qu'on va lire ; que considérant cette propriété comme en dehors du domaine public et susceptible de quelques appropriations privées, j'ai dû multiplier les garanties en faveur des riverains; que les attributions contentieuses qui forment la base de mon projet puisent leur raison d'être dans une qualification voilée. J'ai cherché enfin à ne pas sacrifier les intérêts généraux, tout en protégeant une jouissance inhérente au titre de propriétaire riverain. La propriété des cours d'eau ressemble jusqu'à un certain point à certaines propriétés qui appartiennent à la commune et dont une personne morale autre que la commune jouit à perpétuité. Mon système se résume en ces simples expressions : *propriété* nullius, *jouissance surveillée.*

2º Le lieu où il prend sa source et le nom du cours d'eau dans lequel il a son embouchure et le lieu de cette embouchure ;

3º L'étendue de son cours ;

4º Les noms des communes qu'il traverse ;

5º Le nombre et la nature des usines qu'il alimente, directement ou par des dérivations ;

6º Le nombre et l'étendue des routes et chemins qui le traversent, ainsi que des ponts, bacs ou passages à gué qui existent sur son cours ;

7º L'étendue des prairies qu'il arrose ou inonde dans chaque commune ;

8º La largeur moyenne.

Art. 106. Le plan ou état des lieux devant être préparé par les agents de l'Etat, agents des contributions directes et agents-voyers, il ne pourra être exigé que les frais des affiches, publications et notifications, dont il va être parlé ; ces frais seront payés par le département, comme dépenses obligatoires, et feront l'objet d'un article spécial dans le budget de chaque année.

§ 2. — *Etat des lieux, plans et bornage* (1).

Art. 107. — Pour fixer la largeur, la profondeur et l'étendue d'un cours d'eau, il sera dressé un *plan* ou *état des lieux*.

---

(1) Je considère cette partie d'une loi sur les cours d'eau comme une des plus essentielles. L'avenir d'une loi fluviale est tout entier dans la matrice cadastrale qui devra exister en double aux archives de la préfecture et de chaque commune. Les empiètements successifs deviendront impossibles. Le bornage du canal du Midi a été fait par les soins et de l'autorité des états généraux du Languedoc, il y a plus d'un siècle, et jamais il n'y a eu d'empiètement de la part des riverains. L'entretien et le curage annuels seront faciles ; les riverains en contracteront l'habitude, et l'administration sera beaucoup plus libre pour chercher à pratiquer de larges améliorations. « Cette opération, a dit M. Clément LABYE, p. 99, est bien assurément la plus utile et la plus importante qu'on puisse proposer. » Je croyais que cet habile ingénieur en avait eu le premier l'heureuse idée ; mais de nouvelles recherches m'ont révélé qu'un de nos administrateurs les plus instruits, M. MIGNERET, ancien préfet de la Haute-Garonne, en avait signalé la nécessité en 1848 dans le mé-

Art. 108. Ce plan devra présenter :

1º Le nivellement longitudinal du cours d'eau ;

2º Le dessin des profils ou travers pris en des points suffisamment rapprochés les uns des autres ;

3º Le relevé de tous les ouvrages d'art établis sur le cours d'eau, avec l'indication exacte du débouché qu'ils présentent ;

4º L'état des établissements hydrauliques de toute espèce existants, avec les dimensions des écluses et des retenues d'eau (1).

Art. 109. Cette opération sera annoncée deux mois à l'avance par un arrêté du préfet, publié dans un des journaux du département, affiché dans les communes traversées par les cours d'eau ou limitrophes, déposé en double original à la mairie de ces communes, et signifié à chacun des propriétaires riverains à son domicile (2).

Art. 110. Le délai de deux mois expiré, les agents de l'administration dresseront un ordre de travaux qui sera notifié au maire de chaque commune et affiché quinze jours à l'avance. - Un bulletin, indiquant le jour auquel ces agents devront proceder, sera notifié aux riverains à leur domicile.

Art. 111. Les agents de l'administration dresseront un procès-

---

moire dont j'ai parlé *suprà*, p. 9. J'ai puisé dans les travaux de ces deux hommes d'élite les idées pratiques qui m'ont paru le plus propres à atteindre le but auquel ils tendaient et que le législateur de France réalisera, j'en suis convaincu, lorsqu'il règlementera le régime des eaux. M. MIGNERET a appliqué, avec raison, à la matière des eaux, plusieurs dispositions du Code forestier.

Le paragraphe qu'on va lire ne s'applique nullement aux *agrandissements*, *améliorations*, ou *déplacements* des cours d'eau qui restent soumis aux art. 1 et suiv. — Tout changement nécessité par des *travaux de défense*, d'*exécution de projets d'amélioration*, des *dispositions pour l'irrigation*, etc., etc., donnera lieu à une modification du plan général.

(1) Ce sont les termes scientifiques de M. l'ingénieur belge, dont la pensée est également rendue, en termes ordinaires, par cette rédaction : « Ce plan contiendra l'état actuel et la description de toutes les usines, barrages, prises d'eau, ponts, passerelles, bacs, etc., du cours d'eau. »

(2) Je préfère le domicile aux indications de l'art. 10 du Code forestier. La propriété doit toujours être traitée avec les plus grands ménagements.

verbal de leur opération (ce procès-verbal indiquera la largeur et la profondeur naturelle et normale du cours d'eau qui sera reproduite sur le plan et seront tenus d'y consigner les observations des riverains ou de leurs mandataires, ainsi que des maires des communes.

Art. 112. Le procès-verbal et le plan provisoire, dressé par les agents de l'administration, sera déposé à la préfecture, soumis à la révision et à l'approbation du préfet; un extrait de ce procès-verbal révisé et approuvé et de ce plan sera déposé dans chaque commune (1); avertissement individuel en sera donné à chacun des riverains.

Art. 113. Toute partie intéressée aura trois mois, à dater de la notification individuelle, pour former opposition et la déposer dans les bureaux de la préfecture ou de la sous-préfecture, ou à la mairie de la commune. Le préfet, le sous-préfet, ou le maire, seront tenus de donner un récépissé de l'opposition.

Art. 114. Si à l'expiration de ce délai aucune opposition n'a été formée, M. le préfet rendra exécutoire par son homologation, sans qu'il puisse y apporter aucune modification, le plan des agents, qui servira de délimitation et de fixation de la largeur, de la profondeur et de l'étendue du cours d'eau.

Art. 115. S'il n'existe que quelques oppositions partielles, pareille homologation définitive pourra être accordée pour toutes les parties du travail des agents non contestées, ou M. le préfet ordonnera le sursis jusqu'au jugement des oppositions.

Art. 115 *bis.* A l'expiration du délai de recours devant le Conseil d'Etat, et, s'il y a recours, après la notification du décret qui sera intervenu, les agents de l'administration procèderont, dans le mois suivant, au bornage et placement des repères des usines et prises d'eau, en présence des parties intéressées, du maire de

---

(1) M. MIGNERET n'exige qu'un extrait à la sous-préfecture. Je préfère l'opinion de M. Clément LABYE qui demande le dépôt à chaque mairie. — Les agriculteurs se dérangent difficilement; c'est, d'ailleurs, une dépense qu'il faut leur éviter. Pour que les dispositions nouvelles soient bien accueillies et fécondées par une prompte exécution, il faut que les mesures les plus paternelles, les plus prévoyantes aient été adoptées (voy. *suprà*, p. 50).

chaque commune, qui y seront appelés à jour fixe, dans la forme indiquée par l'art. 109.

Art. 116. La minute du plan définitif et du procès-verbal de bornage restera déposée à la préfecture, mais un extrait de l'une et de l'autre de ces opérations sera délivré au maire de chaque commune, qui en fournira récépissé et devra en donner connaissance aux parties intéressées, leur en laisser prendre copie et même leur en donner expédition, à leurs frais, si elles l'exigent.

SECTION DEUXIÈME.

Concessions et prises d'eau nouvelles et anciennes, droits de l'administration et des riverains.

§ 1er. — *Concessions et prises d'eau nouvelles.*

Art. 117. Aucune construction d'usine, de barrage ou de prise d'eau ne pourra avoir lieu qu'avec l'autorisation du pouvoir exécutif, qui ne pourra pas imposer la condition de démolir, de détruire ou de modifier, sans indemnité.

Art. 118. L'autorisation ne sera accordée qu'après l'accomplissement des formalités prescrites par l'administration (1).

Art. 119. Les propriétaires riverains demandeurs en autorisation ou opposants, ainsi que les maires des communes dans lesquelles devront être construits les ouvrages autorisés, auront le droit de présenter des mémoires jusqu'à la décision de l'autorité administrative.

Art. 120. Si les riverains, autres que les demandeurs en autorisation ou les maires des communes, n'ont formé aucune opposition avant l'autorisation régulièrement obtenue, ils n'auront

---

(1) Ces formalités, que j'ai analysées t. 3, p. 482, art. 154, résultent de circulaires et instructions ministérielles. Il serait peut-être plus convenable qu'elles fussent inscrites dans la loi elle-même; elles seraient ainsi placées plus facilement à la connaissance de toutes les parties intéressées. Elles ont été analysées et commentées avec beaucoup de clarté par M. DE PISTOYE dans quatre articles de l'*Ecole des communes*, 1853, p. 225 et 309; 1858, p. 85 et 113.

plus que la voie d'une demande en dommages-intérêts, pour préjudices réels et matériels, devant qui de droit.

§ 2. — *Concessions anciennes d'usines, de barrages et de prises d'eau.*

Art. 121. Toute usine, barrage ou prise d'eau, dont l'existence légale aura été constatée dans l'état des lieux ou plan dont il est parlé dans les art. 111 et suiv., seront considérés comme propriété dont on ne pourra être dépouillé, en tout ou en partie, que par la voie d'expropriation pour cause d'utilité publique.

§ 3. — *Droits de l'administration.*

Art. 122. L'autorité administrative aura toujours le droit de changer, par un règlement d'eau général du cours entier du cours d'eau, ou par des arrêtés spéciaux portant modifications partielles des concessions anciennes ou nouvelles, les conditions d'existence des usines, barrages et prises d'eau. Mais toute modification qui imposera au propriétaire l'obligation de faire des dépenses, ou qui diminuera la force motrice de l'eau, l'importance ou le produit d'une concession d'usine ou d'une prise d'eau, donnera droit, en faveur de l'usinier, ou du propriétaire du barrage ou de la prise d'eau, à une indemnité préalable.

Cette indemnité, ayant pour cause l'amélioration du cours d'eau, sera à la charge des parties intéressées dans les proportions indiquées *suprà*, art. 37 et 46.

SECTION TROISIÈME.

Droits et obligations des riverains.

§ 1er. — *Droits des riverains, passage, pêche, extraction de sables, pierres, etc., usage de l'eau, alluvions.*

I. — Passage, pêche, extractions.

Art. 123. Tout habitant d'une commune a le droit de puiser de l'eau pour les besoins domestiques dans un cours d'eau, et d'y faire abreuver ses bestiaux, en s'y rendant par un passage public (1).

Art. 124. Les riverains seuls peuvent avoir des bateaux ; — ils ont le droit de pêche, conformément aux prescriptions de la loi du 15 avril 1829.

Art. 125. Les riverains ont exclusivement le droit de prendre du sable et des pierres dans le lit du cours d'eau, de couper les herbes ou joncs qui croissent dans le lit ou sur les rives, d'y faire paître leurs bestiaux.

II. — Usage de l'eau et alluvions (2).

Art. 126 (3).

(1) Je ne parle pas ici de l'art. 643 du Code Napoléon qui est uniquement applicable aux sources.

(2) On ne peut se dissimuler qu'une bonne législation sur la fixation permanente du lit, en largeur et profondeur, et sur l'entretien des cours d'eau, rendra fort rares les alluvions ; mais il n'y pas un seul propriétaire qui ne doive préférer à une éventualité incertaine l'avantage immense d'une protection publique et de la conservation de sa propriété.

(3) *Suprà*, p. 75, au *chapitre premier*, art. 70 et suiv., j'ai indiqué les règles qui me paraissaient devoir régir les *alluvions* le long des cours d'eau navigables, parce qu'il s'est élevé de graves difficultés à ce sujet; mais pour les cours d'eau non navigables, je crois devoir m'en référer aux dispositions du Code Napoléon qui ont reçu la sanction d'une précieuse expérience.

L'usage est régi par les art. 644 et 645. — L'usage n'est régi par l'art. 644 qu'autant que le propriétaire n'a besoin d'autre travail de main d'homme pour amener l'eau sur sa propriété, qu'une ouverture sur son propre terrain ; car s'il y avait lieu de pratiquer une prise d'eau dans le cours d'eau lui-même, au moyen de pierres, planches ou barrage, les articles 117 et suiv. deviendraient applicables; à l'usage même pratiqué sans travaux dans le cours d'eau serait applicable l'art. 122.

Quant aux *alluvions*, les art. 556, 557, 558, 559, 561, 562 et 563 du Code Napoléon renferment toutes les dispositions applicables.

§ 2. — *Obligations des riverains, entretien et curage* (1).

Art. 127. Les cours d'eau seront divisés en trois classes : la PREMIÈRE, dont l'entretien sera par *tiers* à la charge des départements, des communes, des usiniers et riverains ; la SECONDE, *un tiers* à la charge des communes, et les *deux autres tiers* à la charge des usiniers et riverains ; la TROISIÈME, à la charge des usiniers et riverains (2).

Art. 128. Le projet de classification sera préparé par les préfets des départements traversés par les cours d'eau.

Art. 129. Ce projet sera soumis aux diverses formalités prescri-

(1) Peut-être trouvera-t-on trop compliquées les formalités que contient ce paragraphe ; peut-être aussi fera-t-on cette objection que les diverses instructions que j'indique devraient rester dans le domaine de l'administration active au premier chef ou pouvoir gracieux ? Tout cela me touche peu ; d'abord, parce que tout est contentieux quand il s'agit de réglementer l'exercice de la propriété, les charges et servitudes qui s'y rattachent, et qu'ensuite il faut ne pas perdre de vue que ces opérations ne seront faites qu'une fois dans toute la France, qu'elles serviront de type à la perpétuité de l'entretien des cours d'eaux, qu'elles formeront une matrice permanente à l'aide de laquelle chacun connaîtra ses droits et ses obligations. On ne doit pas hésiter, au contraire, à entourer ces préliminaires, qui doivent devenir la loi de l'administration et des parties intéressées, de solennités et de garanties. Le temps qui est passé à bien faire ne doit pas être regretté quand on travaille pour les siècles.

L'administration ne sera pas entravée puisque tout aboutira à ses agents, à ses Tribunaux, et qu'en définitive le dernier mot appartiendra au chef du pouvoir exécutif lui-même en son Conseil d'Etat, ainsi que je l'ai déjà dit *suprà*, p. 25.

(2) La division des cours d'eau non navigables ni flottables en trois classes ou catégories, repose sur un principe de justice que chacun concevra. Il y a une différence énorme entre certains cours d'eau, différence qui se traduit dans le langage ordinaire par ces expressions *rivières*, *ruisseaux*. L'entretien de telle rivière large et profonde serait évidemment une charge beaucoup trop lourde pour les riverains, tandis que l'entretien entier de tel ruisseau est une obligation qui peut être considérée comme une compensation des avantages que peut procurer le voisinage de l'eau.

tes par les art. 9 bis à 19, 109 et suiv., et donnera lieu à un décret rendu dans la forme des règlements d'administration publique.

Art. 130. Ne rentrent pas dans l'obligation d'entretien prévue par la présente section, l'entretien des travaux d'art, digues, écluses, etc., construits pour prévenir les inondations (1).

Art. 131. La largeur et la profondeur du lit d'un cours d'eau devront être annuellement entretenues dans leur état normal telles qu'elles auront été irrévocablement fixées conformément à l'art. 115 bis.

Art. 132. Cependant, si, par suite d'une crue ou d'une inondation, le cours de l'eau était changé ou modifié, subissait un envasement extraordinaire, le département, la commune et les riverains auraient le droit de faire considérer comme travaux d'améliorations soumis aux dispositions des art. 1 et suiv., les travaux nécessaires pour rétablir le cours d'eau dans son état normal.

Art. 133, 134, 135. Dans le cas où le cours de la rivière serait modifié et le lit changé, les propriétaires des fonds nouvellement occupés prendraient, à titre d'indemnité, l'ancien lit abandonné, chacun dans la proportion qui lui aurait été enlevée.

Art. 136. La répartition des dépenses de l'entretien annuel aura lieu par arrêté du préfet pour la part afférente au département et aux communes ; cette part d'entretien sera exécutée par l'administration.

Art. 137. En ce qui concerne les usiniers et riverains, le préfet préparera un projet qui déterminera l'étendue du cours d'eau à entretenir de la part de chaque usinier ou riverain, et qui fixera la somme moyennant laquelle la partie intéressée pourra se rédimer de ce travail.

Art. 138. Ce projet de répartition sera publié, affiché, déposé et modifié dans la forme ci-dessus indiquée par les art. 109 et suiv.

Art. 139. Les ponts (2), digues, et autres ouvrages construits pour l'avantage des communes ou des particuliers, seront entretenus et réparés par ceux à qui ils profitent, sauf leur recours contre les tiers auxquels cette charge incomberait par suite de titres.

---

(1) Voy. *suprà*, p. 57, l'art. 47 et la note.

(2) Voy. *suprà*, p. 57, ce que j'ai dit de la question de reconstruction des ponts en cas d'amélioration d'un cours d'eau.

Art. 140. Chaque année, un arrêté du préfet déterminera l'époque à laquelle les travaux d'entretien devront être terminés par les usiniers ou riverains, époque après laquelle ils seront exécutés par l'administration, qui délivrera alors un exécutoire pour la somme déterminée dans l'arrêté permanent du préfet.

Art. 140 *bis.* Les riverains ne pourront faire des plantations de grands arbres qu'à la distance de deux mètres de la rive du cours d'eau; mais ils pourront faire jusqu'à la crête de la rive des plantations d'arbustes qu'ils émonderont tous les deux ans, plantations destinées à protéger leurs propriétés contre les éboulements.

Art. 140 *ter.* Les riverains pourront toujours faire des constructions sur la rive même du cours d'eau, soit pour protéger leurs propriétés, soit pour construire des habitations. Dans ce cas, ils seront obligés de se conformer à la limite tracée par le plan dressé en conformité des art. 107 et suiv.

SECTION QUATRIÈME.

Facultés d'aqueduc et d'appui (1).

§ 1er. — *Faculté d'aqueduc.*

(1) Il semblerait que pour cette partie spéciale du *régime des eaux* il n'y ait rien à proposer, et que le seul travail devrait être d'encadrer dans le plan général les dispositions des deux lois récentes des 29 avril 1845 et 11 juillet 1847. Tel n'est pas mon sentiment. Ces deux lois ont été rédigées sous l'influence des préventions qui existaient à cette époque contre l'autorité administrative. Lui enlever des attributions paraissait une conquête en faveur des idées libérales. Un homme fort distingué et célèbre même dans les régions politiques avait radicalement contesté la nécessité d'une justice administrative (1). Il fallut dix ans pour faire une loi très-pâle sur le Conseil d'Etat (2); et quoique les deux lois de 1845 et 1847 finissent par un article qui déclare qu'*il n'est aucunement dérogé par les présentes dispositions aux lois qui régissent la police des eaux* l'ensemble de la loi investit l'autorité judiciaire d'une plénitude de

(1) Voy. l'introduction de mes *Principes de compétence*, § IV.
(2) Loi du 19 juillet 1845.

Art. 141. Tout individu (1) qui voudra se servir d'une eau courante pour l'irrigation de ses propriétés devra en demander l'autorisation au pouvoir exécutif; elle lui sera accordée ou refusée dans les formes indiquées pour les demandes en concessions de prise d'eau.

Art. 142. Seront admis à présenter une demande d'autorisation de cette nature, non-seulement les riverains immédiats d'un cours d'eau, mais encore tout propriétaire qui pourra utilement se servir des eaux pour l'irrigation de ses propriétés, sans nuire aux droits d'irrigation d'autres propriétaires ou à des usines existantes sur ce cours d'eau.

Art. 143. Le demandeur porteur d'une autorisation ne pourra en user qu'à la charge de payer une juste et préalable indemnité aux propriétaires des fonds sur lesquels il devra obtenir le passage des eaux nécessaires à l'irrigation de ses propriétés.

Art. 144. Sont exceptés de la servitude de passage des eaux ou de réception des eaux dont il va être parlé dans l'article suivant, les maisons, cours, jardins, parcs et enclos attenant aux habitations.

juridiction et lui confie certaines attributions qui sont évidemment du ressort de l'autorité administrative. Il suffit de jeter les yeux sur l'art. 3 de la loi de 1845 et sur l'art. 1er de la loi de 1847 pour voir que l'appréciation d'ouvrages d'art et d'utilité des eaux ne devrait pas être abandonnée aux tribunaux civils (1).

Dans le projet rédigé en Belgique et examiné par M. Clément LABYE, les attributions de l'autorité administrative n'ont pas été méconnues comme en France, et cependant la législation belge ne présente pas aux droits privés les garanties de nos lois françaises.

(1) Cette expression *tout individu* modifie profondément la législation de 1845 et 1847. L'art. suivant (142) m'a paru le seul tempérament nécessaire à la généralité de la règle. Les termes dont s'est servi M. le rap-

(1) Quoique la loi sur le *drainage* du 10 juin 1854 s'applique, beaucoup plus que les deux lois sur l'irrigation, à l'exercice du droit de propriété, cette loi me paraît encore ne pas accorder assez de confiance à l'action administrative, et elle est fort incomplète, sous le rapport de la constitution des syndicats. Voy. ce que j'en ai dit t. 2, p. 341 et 465, et t. 4, p. 500 et 507.

Art. 145. Les propriétaires des fonds inférieurs devront rece-

porteur du Sénat semblent justifier la hardiesse de mon projet. Voici ce qu'on lit (*Moniteur* du 23 août 1857) :

« Eh bien ! qui a le droit de profiter de ces cours d'eau ?

« Le riverain seul ;

« Et ce droit, si la situation des lieux l'empêche de l'exercer, il lui est interdit de le céder à ses voisins, même de l'étendre aux propriétés con-tiguës dont il se rendrait acquéreur pour les incorporer dans la sienne ;

« Que si vous n'êtes pas riverain, votre domaine embrassât-il la pres-que totalité de la vallée, ne fussiez-vous séparé de la rivière que par un espace de quelques mètres, par un chemin vicinal, vous aurez tous les inconvénients du voisinage sans compensation aucune ; vous supporterez le fléau des inondations ; vous serez obligé de contribuer aux frais de curage, à l'entretien des digues ; vous verrez périr vos récoltes de sèche-resse ; cette eau qui les sauverait, qui tous les ans doublerait au moins vos revenus, qui vous permettrait de répandre autour de vous le travail et l'abondance, qui, dans une année de disette, préserverait de la famine une population tout entière, cette eau coulera improductive sous vos yeux, sans qu'il soit donné à aucun pouvoir de vous autoriser à vous en servir.

« *Car vous n'êtes pas riverain !*

« Telles sont nos lois !

« Faut-il donc être surpris d'entendre un de nos plus savants agro-nomes affirmer que tous les ans nous laissons, par le non-usage des eaux, se perdre au sein des mers plusieurs centaines de millions ?

« Que se passe-t-il, au contraire, en Italie, en Espagne, en Egypte, dans les Indes, en Chine? L'uniformité des besoins, partout ailleurs qu'en France, a eu pour résultat l'uniformité de la législation. Là, on ne s'inquiète pas si vous êtes ou non riverain ; l'irrigation n'est pas res-treinte aux lisières de terrain qui bordent les eaux courantes ; l'autorité distribue les eaux, sans distinguer les rivières navigables de celles qui ne le sont pas, à tous les propriétaires de la vallée, proportionnellement à la quantité du liquide et à l'utilité que chacun peut en retirer, en consultant avant tout l'intérêt de la production générale.

« Aussi l'irrigation est-elle pour ces peuples une source de richesses, tandis que les champs arrosés en France ne constituent qu'une fraction minime du territoire cultivé.

« On nous abjectera qu'enlever aux riverains un privilége dont ils

voir les eaux qui s'écouleront des terrains arrosés, sauf l'indemnité qui pourra leur être due (1).

Art. 146. La concession administrative contiendra toutes les
conditions de la prise d'eau, du passage de l'eau, prescrira le mode
d'exercice de ce droit, renfermera un plan détaillé, et indiquera
les parcelles de terre et la quantité de ces parcelles sur lesquelles
devront être établis les aqueducs.

§ 2. — *Faculté d'appui.*

Art. 147. Le droit d'appui sur une ou sur les deux rives, pour
la prise d'eau nécessaire à l'irrigation de propriétés riveraines ou
éloignées, sera demandé, discuté et accordé dans les formes pres-

jouissent depuis l'abolition du régime féodal, c'est porter atteinte à la
propriété, léser des droits consacrés par une possession de plus d'un demi-
siècle; qu'abandonner la répartition des eaux aux fonctionnaires de la
localité, ce serait livrer la fortune privée à l'arbitraire. Nous répondrons
que la loi peut toujours retirer les droits conférés par elle seule; que la
puissance législative n'abdique jamais l'un de ses plus précieux attributs,
celui de se corriger elle-même; que la propriété des eaux est par sa nature même mobile, conditionnelle, subordonnée à la règlementation de
l'autorité; qu'il s'agit ici, avant tout, d'examiner si cette réforme, quelque profonde qu'elle soit, n'est pas justifiée par des considérations de
l'ordre le plus élevé, par les besoins de l'agriculture, les nécessités de
l'alimentation publique, par ce principe fondamental de toute société :
l'intérêt général doit dominer l'intérêt particulier.

« Nous pensons qu'il n'y a aucun inconvénient à conserver aux riverains le droit exclusif d'établir des usines, mais qu'un vaste système de
canalisation est matériellement impossible, s'ils doivent seuls profiter de
l'arrosage.

« Nous reconnaissons néanmoins que des questions si délicates et si
complexes ne peuvent être brusquement tranchées, et peut-être serait-il
convenable de les soumettre préalablement au Conseil général de l'agriculture, à la Cour de cassation, aux Cours impériales, aux Conseils généraux des départements. »

(1) Je ne parle pas de la disposition de l'art. 3 de la loi du 29 avril
1845, parce qu'elle rentre dans le drainage ou le dessèchement des marais dont je ne me suis pas occupé.

crites par les articles précédents. Les mêmes exceptions existeront en faveur des propriétaires contre lesquels sera demandée la servitude.

Art. 148. Le riverain sur le fonds duquel l'appui sera réclamé pourra toujours demander l'usage commun du barrage, en contribuant pour moitié aux frais d'établissement et d'entretien ; aucune indemnité ne sera respectivement due dans ce cas, et celle qui aura été payée devra être rendue.

Lorsque cet usage commun ne sera réclamé qu'après le commencement ou la confection des travaux, celui qui le demandera devra supporter seul l'excédant de dépense auquel donneront lieu les changements à faire au barrage pour le rendre propre à l'irrigation des deux rives.

SECTION CINQUIÈME.

Police et contraventions.

§ 1er. — *Police.*

Art. 149. L'administration peut nommer des gardes-rivières par arrondissement ou confier ces attributions aux agents-voyers cantonaux qui auront le droit de dresser procès-verbal de toutes les contraventions.

§ 2. — *Contraventions.*

Art. 150. Toute infraction de la part d'un riverain, d'un usinier, du propriétaire d'un barrage ou d'une prise d'eau, d'un aqueduc ou d'un droit d'appui, aux obligations qui leur sont imposées par leurs actes de concessions, ou aux dispositions d'usage ou d'entretien prévues par les articles divers qui précèdent ; tout déplacement de bornes ou de points de repère, seront considérés comme des contraventions, sans préjudice de l'action des tiers en dommages-intérêts.

Art. 151. Des règlements particuliers détermineront ce qui concerne les contraventions sur les cours d'eau qui traversent ou bordent les villes d'une population agglomérée de plus de cinq cents âmes.

Art. 152. Sera également considérée comme une contravention tout fait d'un tiers non riverain qui jettera dans le cours de l'eau des immondices ou des objets quelconques, qui y fera rouir du chanvre ou du lin, qui y déversera les eaux ménagères ou y fera couler des eaux sales ou malfaisantes.

Art. 153. Tous les six mois, l'autorité administrative fera constater, sans frais, par ses agents, l'état des cours d'eau, et procès-verbal sera dressé contre les contrevenants pour le rétablissement des lieux dans l'état fixé par le plan et le procès-verbal de bornage des lieux dont il a été parlé à l'art. 115 *bis*.

SECTION SIXIÈME.

Compétence judiciaire et administrative.

§ 1er. — *Compétence judiciaire.*

Art 154. Lorsqu'il s'agira de la dépossession, soit d'une parcelle de terre ou de construction, soit d'une partie de force motrice, ou de diminution d'avantages existants, le montant de l'indemnité sera apprécié par le jury.

Art. 155. La partie intéressée qui se plaindra de ce que le bornage, fait en vertu de l'art. 115 *bis*, n'est pas conforme au plan provisoire ou au plan rectifié par les décisions administratives, pourra citer devant le juge de paix l'agent qui aura procédé au bornage; mais elle sera condamnée, si elle succombe, à une amende de 25 fr. au profit de la commune, et à 25 fr. de dommages-intérêts au profit de l'agent, ainsi qu'à tous les frais.

Art. 156. Les Tribunaux civils seront également compétents pour connaître des dommages-intérêts réclamés par des usiniers, riverains ou propriétaires, contre des concessionnaires anciens ou nouveaux, à raison de torts ou dommages occasionnés à leurs usines ou propriétés, et pour ordonner qu'une somme sera payée, par mois ou par jours, jusqu'à ce que le concessionnaire ait obtenu de l'autorité administrative de nouvelles conditions de nature à prévenir tout dommage matériel.

Art. 156 *bis*. Au pouvoir judiciaire appartiendra la connaissance de toute discussion relative aux droits des riverains énumérés dans les art. 123, 124, 125, 126, et à celui prévu par l'art. 133.

Art. 157. Au jury appartiendra l'appréciation de l'indemnité
due à un propriétaire pour les facultés d'aqueduc ou d'appui qu'il
est forcé d'accorder en vertu des art. 141 et 147, et de servitude
d'écoulement d'eau qu'il peut avoir à subir, ainsi que pour les
dommages qu'occasionnent une nouvelle concession à une usine,
à une prise d'eau, ou à une concession d'aqueduc ou de droit
d'appui antérieurs.

Art. 158. Les contestations que pourra faire naître l'art. 148,
seront également soumises au pouvoir judiciaire.

§ 2. — *Compétence administrative.*

I. Conseil d'Etat.

Art. 159. Pourra être portée devant le Conseil d'Etat, en audience publique, une opposition de toute partie intéressée contre
le décret qui aura déterminé la classification des divers cours
d'eau d'un département.

II. Conseil de préfecture.

Art. 159 *bis.* Au Conseil de préfecture il appartiendra de statuer, sauf recours au Conseil d'Etat :

1° Sur les oppositions, de la part des parties intéressées, à la
déclaration de la largeur, de la profondeur et de l'étendue du lit
d'un cours d'eau;

2° Sur les oppositions des mêmes parties à la rédaction du
plan et du projet de délimitation dressés en vertu des art. 107
et suiv.

Art. 160. La décision du Conseil de préfecture sera notifiée à
chacun des riverains qui aura formé une opposition pour faire
courir le délai du recours.

Art. 161. Le Conseil de préfecture statuera, après instruction
du préfet, sauf recours devant le Conseil d'Etat, sur les demandes de concession d'usines, de prises d'eau, de règlements d'eau,
sur les modifications de concessions existantes, et sur les oppositions des tiers dans ces diverses circonstances.

Art. 162. Les questions d'existence légale d'une usine et l'opposition à la confection de règlements d'eau généraux ou partiels,

ou à la modification de règlements existants , appartiendront au Conseil de préfecture.

Art. 163. A ce Tribunal appartiendra l'interprétation de tous les actes anciens ou modernes, de quelque autorité qu'ils émanent , portant règlements d'eau généraux ou partiels, ou constitutifs de concessions d'usines, de barrages , de prises d'eau , de droits d'aqueduc ou d'appui, même pour ceux de ces derniers actes qui seraient émanés du pouvoir judiciaire.

Art. 164. L'indemnité pour diminution de force motrice d'une usine, ou d'une prise d'eau, dont il est parlé à l'art. 122, sera appréciée par le Conseil de préfecture.

Art. 165. La demande des riverains autorisée par l'art. 132 sera soumise, après instruction du préfet, au Conseil de préfecture.

Art. 166. Le Conseil de préfecture statuera sur toutes les réclamations concernant la répartition des frais d'entretien d'un cours d'eau , des oppositions aux arrêtés préfectoraux y relatifs ou aux poursuites exercées en vertu d'exécutoires délivrés par le préfet.

Art. 167. Seront jugés par le Conseil de préfecture, après instruction du préfet, les refus d'autorisation de droits d'aqueduc ou d'appui et d'écoulement des eaux, et l'opposition des tiers intéressés.

Art. 168. Toutes les contraventions seront portées devant le Conseil de préfecture , qui aura le droit d'ordonner le rétablissement des lieux dans leur état primitif, de prononcer des dommages-intérêts en faveur de la partie civile, d'autoriser la confection des travaux à faire aux frais du contrevenant, de prononcer une amende de 1 fr. à 100 fr., et de condamner les parties aux dépens.

DISPOSITIONS SPÉCIALES

APPLICABLES AU RÉGIME DES COURS D'EAU NAVIGABLES ET NON
NAVIGABLES.

§ 1. — *Référé administratif* (1).

Art. 169. Lorsque l'exécution d'un arrêté ou d'une décision administrative, émanant de quelque fonctionnaire ou de quelque
Tribunal que ce soit, en matière gracieuse ou contentieuse, devra
dénaturer l'existence des lieux, en changer la physionomie, ou
occasionner un dommage irréparable, il pourra être introduit un
référé devant le préfet en matière gracieuse, devant le doyen du
Conseil de préfecture en matière contentieuse, dans l'arrondissement du chef-lieu, et devant le sous-préfet, en tous les cas,
dans les autres arrondissements.

Art. 170. Ce référé n'aura pas pour résultat d'arrêter l'exécution,
mais uniquement de faire nommer des experts; un seul, si la
partie qui le demande y consent, deux si elle n'y consent pas.

Art. 171. L'expert ou les deux experts choisis constateront l'état
des lieux aux frais de la partie qui succombera en définitive. Ces
frais seront avancés par celui qui aura introduit le référé.

Art. 172. Les préfets ou sous-préfets auront le droit d'ordonner,
par mesure provisoire, des travaux urgents et nécessaires pour
prévenir des éboulements ou autres accidents pouvant résulter
de l'exécution de travaux publics (2).

(1) De graves discussions se sont élevées, dans ces derniers temps, sur
ce qu'on a appelé les *référés en matière administrative.* J'ai défendu dans
le *Journal du Droit administratif*, t. 5, p. 145, 241, 329 et 478, et
t. 6, p. 142', les principes consacrés par la jurisprudence sur la compétence exclusive de l'autorité administrative. Cependant, je reconnais que
la législation aurait besoin d'être complétée à ce sujet. Voilà pourquoi
j'ai cru utile d'ajouter au projet sur les cours d'eau les dispositions qu'on
va lire.

(2) On est convenu d'appliquer cette expression, TRAVAUX PUBLICS,
aux travaux des communes, des fabriques, des établissements publics.

§ 2. — *Dommages résultant d'une exécution provisoire d'un acte administratif*(1).

Art. 173. Lorsque par suite de l'exécution provisoire d'un arrêté ou d'une décision administrative, un dommage irréparable aura été occasionné à une propriété privée, et que, plus tard, l'arrêté ou la décision seront réformés par l'autorité supérieure, l'administré aura droit à une indemnité qui sera demandée aux Conseils de préfecture, sauf recours devant le Conseil d'Etat, contre l'Etat, les départements, les communes ou les individus au profit desquels auraient été rendus l'arrêté ou la décision.

Les dépens seront adjugés en même temps que l'indemnité.

(1) L'action administrative ne peut être, en certains cas, arrêtée par les réclamations les plus légitimes, parce qu'elle a constamment pour mobile l'intérêt général. N'est-il pas juste que celui qui serait victime d'une erreur obtienne une réparation? Dans les matières civiles, deux adversaires sont en présence ; celui qui succombe en définitive, supporte dépens et dommages-intérêts. En matière administrative, le pouvoir exécutif représente seul, presque toujours, l'intérêt général au nom duquel l'individu est poursuivi. C'est donc aussi à l'administration à accorder à celui qui supporte un dommage réel une juste compensation de ce dommage. Pour justifier ma proposition, je ne citerai que ce cas, sur lequel j'ai été consulté il y a quelques années : Arrêté qui ordonne à un usinier de faire des travaux de telle ou telle nature. Sur la résistance à cet arrêté, la démolition du barrage est ordonnée et exécutée. Pourvoi devant le Conseil d'Etat qui annule les arrêtés. La perte de l'usinier s'élevait à une somme considérable. A qui devait-il demander le paiement d'une indemnité, ou la reconstruction de son barrage?... — Il me serait facile de multiplier les exemples, mais un seul doit suffire pour tous ceux qui admettent avec moi que jamais le droit individuel ne doit être sacrifié, sans indemnité, à l'intérêt général.

APPENDICE.

I.

MESSIEURS LES SÉNATEURS ,

Nous avons continué, pendant l'intervalle des sessions, l'examen que vous avez bien voulu nous confier de la proposition de notre collègue M. de LADOUCETTE, sur les bases d'un projet de code rural.

Nous avons cru devoir d'abord nous informer si l'intention du gouvernement était de donner suite à notre premier rapport, de réaliser la pensée de Napoléon Ier, en réunissant, pour en former un seul corps, toutes les lois qui intéressent l'agriculture. Nous vous l'annonçons avec une vive satisfaction : S. Exc. le ministre de l'agriculture et du commerce, après avoir pris les ordres de l'EMPEREUR, nous a fait savoir, par l'intermédiaire de Son Exc., le président du Sénat, que le projet définitif du Code rural serait rédigé et soumis aux assemblées législatives aussitôt après que nous aurions achevé d'en poser les fondements. Certains désormais que nos travaux ne demeureraient point sans résultat, nous les avons poursuivis avec une active persévérance.

D'après l'ordre que nous avions déjà établi, nous devions nous occuper du régime des eaux. Ici s'accroissaient les difficultés de notre tâche. Lorsqu'il s'agissait du régime du sol, nous avions pour guide le Code Napoléon, qui a si bien défini les principes de la propriété et des contrats ruraux; mais ce code renferme à peine sur les eaux quelques dispositions générales. La refonte de l'ancienne législation sur cette matière si controversée est encore à faire.

D'ailleurs, la propriété du sol, par sa stabilité même, se prête à des règles fixes et presque immuables; mais les eaux, surtout les eaux courantes, semblent échapper à la puissance de l'homme et ne lui permettre qu'une possession fugitive, commune à tous les propriétaires des terrains qu'elles traversent. De là des conflits incessants qu'on a tant de peine à règlementer.

Nous nous sommes efforcés de présenter dans un cadre resserré, et en nous limitant à l'exposé des principes, le tableau complet de cette législation, mais seulement en ce qui concerne l'agriculture. Nous avons commencé par jeter un coup-d'œil rapide sur la question qui préoccupe si vivement tous les peuples de l'Europe, celle de l'alimentation publique. Nous avons ensuite sollicité l'ouverture de grands canaux d'arrosage qui augmenteraient considérablement la masse des subsistances. Le gouvernement n'a qu'une action indirecte sur la culture du sol que le travail individuel peut seul féconder, mais il dispose d'une manière absolue des rivières navigables ou flottables, et il a eu de tout temps, sur les autres cours d'eau, des attributions qui l'autorisent à en régler la jouissance. Nous sommes convaincus, dès-lors, que c'est surtout en s'occupant de l'utilisation des eaux qui exercent une influence décisive sur la végétation, qu'il peut contribuer de la manière la plus efficace aux progrès agricoles.

Voici le projet du rapport dont nous avons l'honneur de vous proposer l'adoption;

SIRE,

En adressant à Votre Majesté, dans la session de 1856, un

premier rapport sur les bases d'un projet de Code rural, nous avons proposé une division fondamentale qui permettrait de classer dans un ordre naturel cette partie si importante et néanmoins si confuse de notre législation. Ce code se composerait de trois livres, qui traiteraient :

Le premier, *du régime du sol ;*

Le second, *du régime des eaux ;*

Le troisième, *de la police rurale.*

Nous avons dans ce même rapport énoncé les dispositions principales qui se rattachent au *régime du sol.* Nous venons actuellement soumettre à Votre Majesté le résultat de nos recherches et de nos méditations sur le *régime des eaux.*

C'est ici surtout que se font sentir les imperfections et les lacunes de nos lois rurales ; pour résoudre des questions qui intéressent au plus haut degré l'agriculture et l'industrie, il n'existe que des textes épars, quelquefois contradictoires, et le magistrat n'a souvent d'autre guide qu'une jurisprudence variable. Il faut enfin que cette propriété si précieuse des eaux ait pour garantie, comme la propriété territoriale, des règles précises qui déterminent nettement les droits des particuliers et du domaine.

Cette œuvre, depuis si longtemps attendue, ne fut jamais plus opportune.

Les eaux, suivant qu'elles sont abandonnées à elles-mêmes ou qu'elles obéissent à une direction intelligente, deviennent, personne ne l'ignore, un élément de destruction ou de richesse, arrêtent ou activent la végétation, ravagent ou fécondent les campagnes, exhalent des miasmes pestilentiels, ou contribuent puissamment à la salubrité publique.

Des désastres récents n'ont que trop prouvé quel mal elles peuvent faire lorsqu'elles se déchaînent. A la première nouvelle des débordements de nos principaux fleuves, Votre Majesté ne s'est pas contentée d'apparaître, comme une providence bienfaisante, aux populations effrayées pour les rassurer et distribuer des secours aux victimes ; elle a voulu, même au péril de ses jours, affronter le fléau pour mieux apprendre à le combattre. Par ses ordres, s'étudie et s'organise un vaste système de défense, qui préviendra, autant que le génie et le travail de l'homme peuvent le permettre, le retour de ces grandes calamités. Mais ces mesures, quelles qu'elles soient, ne pourront être exécutées sans heurter des intérêts privés, et il est à craindre que la législation actuelle ne soit insuffisante pour aplanir cet obstacle. Un projet de loi sur l'endiguement des rivières avait été présenté aux chambres à deux reprises différentes, en 1837 et en 1842. La nécessité de la loi n'était point contestée; mais ce projet, imparfaitement élaboré, souleva de nombreuses objections. Le gouvernement le retira. Les préoccupations politiques de cette époque empêchèrent sans doute de le reproduire. Il est essentiel de le fondre, en le modifiant, dans le Code rural.

D'autre part, l'une des causes les plus fréquentes des inondations partielles, c'est l'encombrement du lit des cours d'eau qui ne sont ni navigables ni flottables. Leur curage est à la charge des parties intéressées, conformément aux prescriptions de la loi du 14 floréal an XI; mais cette loi est incomplète, on ne la met que rarement à exécution; elle a besoin d'être révisée.

Enfin, des circonstances dont nous ne saurions dissimuler la gravité nous font plus que jamais un devoir de ne rien négliger de tout ce qui peut venir en aide à l'agriculture. La crise alimentaire qui, depuis près de quatre ans pèse sur la France, pourrait se prolonger encore. Vous avez fait, Sire, tout ce qu'il était possible de faire pour en atténuer les effets, faciliter les approvisionnements, équilibrer les prix dans les diverses parties de l'empire. Nous le déclarons avec une pleine et entière conviction : aucun autre gouvernement que celui de Votre Majesté n'aurait pu, sans des troubles profonds, soutenir une si longue et si pénible épreuve.

Nous n'hésiterons pas à sonder le mal pour en rechercher le remède. On évalue approximativement à 80 millions d'hectolitres notre consommation annuelle en blé-froment. Nous avons acheté, à l'étranger, les quantités exportées déduites :

En 1853, 3,720,000 hectolitres;

En 1854, 5,173,000;

En 1855, 3,756,000;

En 1856, 9,130,000;

Moyenne par an, 5,445,000 hectolitres.

Avant 1853, le prix moyen du blé, calculé sur les vingt années précédentes, n'a pas excédé par hectolitre 18 fr. 88 c.

Il s'est élevé, dans les trois dernières années qui viennent de s'écouler, à 29 fr. 63 c.

Il a donc suffi d'un déficit sur la récolte d'environ un quinzième par an pour augmenter le prix de sept douzièmes, et conséquemment de plus de 800 millions la dépense annuelle en blé-froment de l'alimentation publique.

Qu'en est-il résulté? Une exportation considérable de numéraire et un déplacement énorme de capitaux à l'intérieur; et comme le prix du blé a été de tout temps le régulateur universel, les objets de consommation ont subi tout à coup un renchérissement exagéré. De là une perturbation grave dans le plus grand nombre des existences, surtout dans celles des ouvriers de campagne de plusieurs de nos provinces, où le salaire couvre à peine les frais de nourriture. On se demande avec inquiétude ce qui serait advenu si, pendant cette longue période, les arrivages de mer avaient été arrêtés par une guerre maritime.

Cet état de choses ne tient-il qu'à des causes accidentelles? Faut-il n'attribuer qu'à l'intempérie des saisons cette disette si persistante des céréales? Ne serait-on pas fondé à l'expliquer aussi, au moins en partie, par ce mouvement progressif, qui depuis la même époque éloigne des champs les bras et les capitaux, qui jette dans des opérations aventureuses, lointaines, jusqu'à l'épargne du petit propriétaire et du cultivateur, autrefois exclusivement destinée aux améliorations agricoles ?

Coïncidence remarquable, tandis que la production des subsistances diminue, la fortune mobilière s'accroît avec une pro-
digieuse rapidité ; chaque jour, de gigantesques entreprises
créent des valeurs nouvelles et dispersent nos moyens d'action
dans toute l'Europe.

Si ce besoin de spéculation est irrésistible, ne pourrait-on
pas lui donner une satisfaction légitime, en l'utilisant au profit de l'agriculture française? Les compagnies qui se sont
livrées jusqu'ici à l'exploitation du sol, au dessèchement des
marais, qui ont voulu construire des canaux d'irrigation, ont,
il est vrai, presque toutes échoué; mais pourquoi? C'est
qu'indépendamment des entraves qu'elles rencontraient dans
la législation, elles manquaient souvent de capitaux, et leurs
ressources auraient dû être d'autant plus considérables, que
la terre restitue lentement les sommes versées dans son sein.
Constituées sous le patronage de l'Etat, aidées par lui dans
une juste mesure, protégées par des lois prévoyantes, ces
compagnies retiendraient en France le numéraire que nous
allons si péniblement rechercher à l'étranger, après l'y avoir
porté nous-mêmes, et ne tarderaient pas à ranimer la plus
utile, la plus féconde, et cependant la plus négligée de toutes
les industries.

Ce but ne serait-il pas en grande partie atteint, si le principe de l'association, qui de nos jours réalise tant de prodi-
ges, était appliqué à l'exécution des travaux nécessaires pour
répandre le bienfait de l'irrigation sur tout le sol arrosable de
la France? C'est le besoin le plus urgent de notre agriculture.
Consultés en 1846, les Conseils généraux furent unanimes sur
cette grande question; ils demandèrent que le gouvernement
fît étudier par les ingénieurs des ponts et chaussées tous les
cours d'eau navigables et non navigables, reconnaître leur
volume à diverses époques de l'année, rédiger les projets, et
qu'il encourageât les associations d'arrosage, en leur faisant
des avances remboursables par annuités.

Une commission fut instituée pour l'examen de ces délibé-

rations. Elle termina ses travaux en octobre 1848, et proposa de comprendre parmi les entreprises d'utilité publique
toutes celles ayant pour but le développement de l'industrie
agricole,

Spécialement :

« L'endiguement et la régularisation des cours d'eau navigables ou non navigables;

« Le dessèchement des marais et l'assainissement des terrains rendus insalubres ou improductifs par la stagnation des
eaux ;

« La conquête des lais et relais de la mer ;

« La consolidation des terrains en pente par les reboisements, plantations, gazonnements;

« La fixation des dunes;

« Les irrigations, limonages, colmatages, réservoirs, règlementation des usines, en un mot l'utilisation générale des
eaux, en conciliant les intérêts de l'agriculture et de l'industrie. »

Cette commission proposa, en outre, de créer un service
spécial d'ingénieurs chargés, dans chaque département, de
centraliser toutes les études relatives au régime des eaux et
à leur emploi par une équitable répartition entre l'industrie
agricole et l'industrie manufacturière.

Un arrêté du ministre des travaux publics du 16 novembre
1848 organisa ce service, qui a été très-utile, mais qui néanmoins, faute de fonds, n'a pu encore réaliser son pro-
gramme. Cette étude complète des cours d'eau et des terrains qu'ils peuvent féconder n'est point encore terminée.

Il est temps de substituer à cette marche lente, indécise,
des résolutions dignes de Votre Majesté. Nous émettons le
vœu :

Que les ingénieurs préposés au service hydraulique dressent le plus promptement possible tous les projets des canaux d'irrigation, que l'on pourra ouvrir dans les divers bassins de la France, sans nuire aux services déjà établis;

Que l'Etat emploie tous les moyens qui sont en son pouvoir pour encourager les associations de propriétaires et les déterminer à exécuter elles-mêmes les plans qui leur seraient gratuitement délivrés. A leur défaut, on en chargerait les compagnons, qui recevraient au besoin la même assistance que pour la construction des grandes lignes de chemins de fer.

Sous la puissante impulsion de votre gouvernement, cet autre réseau s'achèverait en un petit nombre d'années. Ce ne serait pas l'œuvre la moins glorieuse et surtout la moins utile de votre règne. Elle se rattache essentiellement à celle que vous avez ordonnée pour préserver le pays des inondations. En même temps qu'on endiguera les rivières, qu'on redressera leur cours, qu'on rendra à la culture une partie de l'espace occupé et abandonné alternativement par leur lit, on aura dans ces canaux de vastes déversoirs par où, pendant les crues, s'écoulera le trop-plein des eaux.

Est-il nécessaire de faire ressortir les résultats qu'aurait cette immense entreprise? Sans aucun doute, par l'accroissement des récoltes, elle comblerait, dans les années même les plus défavorables, le déficit que nous avons signalé, et dont les conséquences sont si funestes. N'est-ce pas à une habile distribution des eaux que le Milanais, la Vénétie, le Piémont, que les plaines de Valence, de Grenade, de l'Andalousie, que les départements des Pyrénées, de Vaucluse, des Bouches-du-Rhône, doivent l'abondance presque constante de leurs produits? La Lombardie n'était couverte que de steppes et de marécages, avant que ses canaux en eussent fait l'une des contrées agricoles les plus riches du monde.

Sur les bords de la Durance, des terrains d'une étendue considérable, où l'on n'apercevait autrefois que des amas de galets sans végétation aucune, ont acquis par l'irrigation une valeur de 5 à 6,000 fr. l'hectare.

Dans le département du Var, on a constaté par des études faites en 1843, à la diligence du préfet, sur la demande du

Conseil général, qu'en utilisant tous les cours d'eau de ce département, *avec une dépense d'environ 2 millions*, on rendrait irrigables 18,000 *hectares*, et l'on obtiendrait une plus-value d'au moins 45 *millions*.

Il est également résulté d'avant-projets soumis au Conseil général des Hautes-Alpes, dans la session de 1847, qu'avec une dépense approximative de 1,500,000 *francs* on pourrait arroser 11,900 *hectares et quadrupler leur valeur.*

Que produiraient donc ces travaux, s'ils s'étendaient sur la totalité d'un territoire sillonné par 7,900 *kilomètres* de grandes rivières et environ 180,000 *kilomètres* de cours d'eau non navigables ?

L'amélioration du régime des eaux aurait d'autres avantages que nous ne saurions passer sous silence.

Pourquoi, malgré la supériorité du sol et du climat, sommes-nous, en agriculture, si inférieurs à l'Angleterre, où le blé rapporte en moyenne un tiers de plus que dans nos campagnes ? C'est qu'en Angleterre les prairies occupent plus de la moitié de la superficie cultivée ; en France, à peine un sixième. Nous avons 25 millions d'hectares de terres arables, et nous n'en possédons que 5 millions en prairies. L'irrigation couvrira de pâturages des champs aujourd'hui stériles, développera la production des bestiaux, augmentera la masse des engrais, le rendement des céréales, et nous affranchira, au moins en partie, d'un tribut annuel de 80 millions que nous payons aussi à l'étranger pour nos approvisionnements en viande. Ce tribut tend à s'accroître d'année en année. Le prix du blé baissera avec une bonne récolte ; mais celui de la viande n'en continuera pas moins à suivre une progression ascendante.

Ces projets, dont la réalisation exercerait une si heureuse influence sur le bien-être des populations, exigent de nombreux changements dans nos lois rurales. Il est à remarquer que les deux provinces françaises où l'on a su tirer de l'arrosage le parti le plus avantageux, le Roussillon et la Provence,

9

ont été longtemps placées sous la domination étrangère, espagnole ou italienne, et que par les usages elles en ont conservé la législation sur les eaux, qui est identiquement la même dans ces deux contrées.

Telles sont, Sire, les observations préliminaires que nous livrons à la haute appréciation de Votre Majesté. Elles démontrent de plus en plus l'importance et la nécessité du monument législatif dont nous lui proposons les bases.

Le second livre du Code rural, ayant pour objet le régime des eaux, peut être divisé en six titres, sous les dénominations suivantes :

Dispositions générales;

Rivières navigables ou flottables;

Cours d'eau non navigables et non flottables;

Eaux pluviales et sources;

Eaux stagnantes;

Compétence des autorités administratives et judiciaires sur les actions litigieuses relatives aux eaux.

Livre deuxième.

TITRE Ier — DISPOSITIONS GÉNÉRALES.

Nous subdiviserons ce titre en deux chapitres :
Le premier traitera de la propriété des eaux,
Le second, des servitudes.

CHAPITRE Ier. — *De la propriété des eaux.*

Le Code Napoléon ne laisse aucun doute sur la propriété des rivières navigables ou flottables et sur celle des sources.

L'art. 538 déclare que ces rivières font partie du domaine public. De tout temps, l'intérêt général a fait placer sous la direction suprême de l'autorité ces grandes voies de communication et de transport, si essentielles à la prospérité de

l'agriculture, de l'industrie et du commerce. Ce principe avait
été déjà consacré par les ordonnances de 1566, 1669, la déclaration d'avril 1683, les édits de décembre 1693, février
1710, ainsi que par la loi du 22 novembre 1790.

Quant aux sources, l'art. 641 du même Code en confère la
disposition absolue aux propriétaires des terrains où elles
prennent naissance, sauf les droits que les propriétaires inférieurs peuvent avoir acquis par titre ou par prescription.

Mais que faut-il décider relativement à la propriété des
cours d'eau non navigables et non flottables?

Ici se présente l'une des questions les plus ardues et les
plus importantes du régime des eaux; elle divise profondément les Tribunaux et les jurisconsultes. Les uns attribuent
aux riverains la propriété exclusive de ces cours d'eau; les
autres les classent parmi les choses qui, aux termes de l'art.
714 du Code Napoléon, n'appartiennent à personne, dont
l'usage est commun à tous et la jouissance réglée par des
lois de police.

Nous n'exposerons point les nombreux arguments qui ont
été produits pour ou contre ces deux systèmes; placés au-
dessus de la jurisprudence, investis du privilège de proposer
la modification des lois, lorsqu'elle est commandée par un
grand intérêt national, nous n'avons pas à combiner penible-
ment des textes pour en rechercher le véritable sens. Nous
nous bornerons à rappeler,

Que le projet de Code rural publié en 1808 (art. 47 et 48)
se prononçait en faveur des riverains;

Que la question paraît avoir été résolue dans le même
sens par la loi du 15 avril 1829, qui, en réservant à l'Etat le
droit de pêche dans les rivières navigables ou flottables, l'attribue aux riverains dans les autres cours d'eau;

Que si la domanialité résultait des dispositions du projet
de loi présenté en 1842 sur l'endiguement des rivières, elle
fut vivement combattue, surtout par la commission de la
Chambre des pairs.

Mais aussi il est de notre devoir de ne pas omettre que la Cour de cassation, le Conseil d'Etat, le ministère des travaux publics, ont appuyé les prétentions du domaine sur les considérations les plus puissantes, sur cet axiome du droit romain : *Naturali jure communia sunt aer, aqua profluens,* sur la législation intermédiaire, sur l'ensemble des dispositions du Code Napoléon, sur la nature des eaux courantes qui échappent à toute occupation exclusive et individuelle, et principalement sur l'intérêt général, qui ne permet point, sans les inconvénients les plus graves, de les abandonner à la propriété privée.

Quel que soit de ces deux systèmes celui qui obtienne la préférence, il est urgent que le législateur manifeste sa volonté souveraine pour faire cesser cette situation ambiguë, aussi embarrassante pour l'administration que pour les particuliers. En formulant son option, il préviendra la plupart des procès qui s'agitent si souvent sur cette matière devant les Conseils de préfecture et les Tribunaux ; il donnera à l'autorité la force morale qui lui est si nécessaire et qui lui manque, toutes les fois que l'exercice de son pouvoir peut être sérieusement contesté.

Quant à nous, préoccupés des intérêts de notre agriculture, nous ne pouvons nous dispenser d'établir un parallèle entre notre législation sur les eaux et celle des contrées qui doivent à la pratique des irrigations leur prospérité territoriale.

Nous avons vu quelle est l'étendue des cours d'eau français non navigables et non flottables ; elle excède vingt fois la longueur totale de l'empire. C'est surtout de leur emploi que dépend l'amélioration du sol, le développement des prairies.

Eh bien! qui a le droit de profiter de ces cours d'eau?

Le riverain seul ;

Et ce droit, si la situation de lieux l'empêche de l'exercer, il lui est interdit de le céder à ses voisins, même de l'étendre aux propriétés contiguës dont il se rendrait acquéreur pour les incorporer dans la sienne ;

Que si vous n'êtes pas riverain, votre domaine embrassât-il la presque totalité de la vallée, ne fussiez-vous séparé de la rivière que par un espace de quelques mètres, par un chemin vicinal, vous aurez tous les inconvénients du voisinage sans compensation aucune; vous supporterez le fléau des inondations; vous serez obligé de contribuer aux frais de curage, à l'entretien des digues; vous verrez périr vos récoltes de sècheresse; cette eau qui les sauverait, qui tous les ans doublerait au moins vos revenus, qui vous permettrait de répandre autour de vous le travail et l'abondance, qui, dans une année de disette, préserverait de la famine une population tout entière; cette eau coulera improductive sous vos yeux, sans qu'il soit donné à aucun pouvoir de vous autoriser à vous en servir.

Car vous n'êtes pas riverain!

Telles sont nos lois !

Faut-il donc être surpris d'entendre un de nos plus savants agronomes affirmer que tous les ans nous laissons, par le non-usage des eaux, se perdre au sein des mers plusieurs centaines de millions?

Que se passe-t-il, au contraire, en Italie, en Espagne, en Egypte, dans les Indes, en Chine? L'uniformité des besoins, partout ailleurs qu'en France, a eu pour résultat l'uniformité de la législation. Là, on ne s'inquiète pas si vous êtes ou non riverain; l'irrigation n'est pas restreinte aux lisières de terrain qui bordent les eaux courantes; l'autorité distribue les eaux! sans distinguer les rivières navigables de celles qui ne le sont pas, à tous les propriétaires de la vallée, proportionnellement à la quantité du liquide et à l'utilité que chacun peut en retirer, en consultant avant tout l'intérêt de la production générale.

Aussi l'irrigation est-elle pour ces peuples une source de richesses, tandis que les champs arrosés en France ne constituent qu'une fraction minime du territoire cultivé.

On nous objectera qu'enlever aux riverains un privilége

dont ils jouissent depuis l'abolition du régime féodal, c'est porter atteinte à la propriété, léser des droits consacrés par une possession de plus d'un demi-siècle; qu'abandonner la répartition des eaux aux fonctionnaires de la localité, ce serait livrer la fortune privée à l'arbitraire. Nous répondrons que la loi peut toujours retirer les droits conférés par elle seule; que la puissance législative n'abdique jamais l'un de ses plus précieux attributs, celui de se corriger elle-même; que la propriété des eaux est par sa nature même mobile, conditionnelle, subordonnée à la règlementation de l'autorité; qu'il s'agit ici, avant tout, d'examiner si cette réforme, quelque profonde qu'elle soit, n'est pas justifiée par des considérations de l'ordre le plus élevé, par les besoins de l'agriculture, les nécessités de l'alimentation publique, par ce principe fondamental de toute société : l'intérêt général doit dominer l'intérêt particulier.

Nous pensons qu'il n'y a aucun inconvénient à conserver aux riverains le droit exclusif d'établir des usines, mais qu'un vaste système de canalisation est matériellement impossible, s'ils doivent seuls profiter de l'arrosage.

Nous reconnaissons néanmoins que des questions si délicates et si complexes ne peuvent être brusquement tranchées, et peut-être serait-il convenable de les soumettre préalablement au Conseil général de l'agriculture, à la Cour de cassation, aux Cours impériales, aux Conseils généraux des départements.

Chapitre II. — *Des servitudes.*

Il arrive souvent que la différence des niveaux ne permet point, même à l'aide d'un barrage, d'introduire directement les eaux dans les propriétés riveraines. On est contraint de remonter le cours de la rivière, et, en partant d'un point plus élevé, de commencer le canal sur la terre d'autrui pour le continuer jusqu'à celle qu'on veut arroser. D'ailleurs, lorsqu'il

s'agit de dérivations d'une étendue considérable qui se subdi-
visent en ramifications nombreuses, la faculté de traverser
les terrains interposés est évidemment d'une nécessité absolue. Cette faculté est connue sous le nom de *droit d'aqueduc*,
que la loi romaine définit ainsi : « Droit de conduire l'eau
par le fonds d'autrui. »

Le droit d'aqueduc existait depuis plusieurs siècles dans les
contrées de la France où le bienfait de l'irrigation est le mieux
apprécié, en Provence et dans le Roussillon. Il reposait,
sinon sur des édits formels, du moins sur d'anciennes coutu-
mes que les arrêts des parlements avaient sanctionnées. En
Italie, il remonte à l'époque la plus reculée. On le trouve
dans le *Recueil des constitutions milanaises*, publié en
1216. Il fut consacré en 1502 par une ordonnance de
Louis XII, alors maître de la Lombardie. Enfin il a été formulé en détail dans le Code sarde promulgué en 1837. L'art.
622 impose à toute commune, à tout corps, à tout particulier
l'obligation de donner passage sur leurs terrains, aux eaux
destinées soit à l'irrigation, soit à l'usage des usines.

Les articles suivants déterminent dans les divers cas les
droits et les devoirs de ceux qui réclament la servitude et de
ceux qui sont tenus de la supporter. Ils stipulent le paiement
préalable de la valeur du sol à occuper, avec augmentation du
cinquième en sus et sans préjudice des dommages-intérêts qui
pourraient résulter, soit de la séparation de l'immeuble en
deux ou plusieurs parties, soit de toute autre détérioration.

Si le canal, au lieu de n'être construit que dans un intérêt
individuel, est assez important pour contribuer aux progrès
de l'agriculture et à l'accroissement de la richesse publique,
l'entrepreneur, en payant l'indemnité, n'acquiert pas seulement une servitude sur les fonds qu'il traverse, il devient
propriétaire de tout l'espace que ce canal embrasse avec ses
berges. Ainsi toutes les éventualités sont prévues, tous les
intérêts sauvegardés.

Nos lois n'étaient pas aussi prévoyantes ; un respect exagéré

pour le droit de propriété était devenu l'un des plus grands
obstacles aux progrès de l'irrigation. L'art. 640 du Code Napoléon n'assujettit les fonds inférieurs à recevoir les eaux
venant des fonds plus élevés, *que si elles s'en écoulent naturellement sans que la main de l'homme y ait contribué;* mais
les eaux livrées à elles-mêmes n'occasionnent presque jamais
que des dégâts. Il était donc impossible, sous l'empire de
cette législation, toutes les fois qu'il était nécessaire de traverser le terrain d'autrui, soit de faire des travaux défensifs pour l'écoulement des eaux, soit d'ouvrir des canaux
d'arrosage. Cet état de choses n'a été changé en partie que
par les lois des 29 avril 1845 et 11 juillet 1847. Ces lois éma-
nées de l'initiative parlementaire ont été adoptées à la suite
de longs débats et après que les Conseils généraux, consultés
par le gouvernement, avaient émis un avis favorable à la
presque unanimité. Elles autorisent, moyennant une indemnité préalable, ceux qui ont le droit de disposer d'eaux courantes et qui veulent s'en servir pour irriguer leur propriété,
à les faire passer sur les fonds intermédiaires et à appuyer
les ouvrages d'art nécessaires à la prise d'eau sur le bord du
riverain opposé. La même faculté de passage est accordée au
propriétaire d'un terrain submergé en tout ou en partie pour
l'écoulement des eaux marécageuses.

Il existe entre la législation italienne et la nôtre deux diffé-
rences essentielles; la première, c'est que la loi de 1845 n'accorde pas, comme le Code sarde, le passage des eaux sur le
fonds d'autrui au profit des usines; la seconde, c'est que,
d'après le même Code, l'établissement des deux servitudes de
passage et d'appui a lieu de plein droit, tandis que les lois
de 1845 et de 1847 le subordonnent à l'appréciation du magistrat, qui concède ou refuse suivant les circonstances. On a
ainsi sagement prévenu les demandes qui ne seraient dictées
que par le caprice ou par un intérêt minime.

Le droit d'aqueduc a été étendu au drainage par la loi du
10 juin 1854.

Ces dérogations à l'art. 640 sont indispensables surtout dans un pays où la propriété territoriale est extrêmement morcelée. Elles devront être transcrites dans le Code rural avec les améliorations indiquées par l'expérience. Mais nous préfèrerions une mesure encore plus large; nous voudrions qu'il fût toujours loisible au magistrat d'imposer au fonds inférieur, sauf indemnité, l'obligation de laisser passer les eaux, dans le but, soit de les diriger pour prévenir les inondations, soit de les utiliser au profit de l'agriculture ou de l'industrie. Nous voudrions également, si des propriétaires qui ont reçu de l'autorité compétente le droit de disposer des eaux pour l'irrigation, demandent à se servir des barrages et canaux déjà établis, que le magistrat eût le pouvoir de leur en accorder la permission, lorsqu'il n'en résulte aucun dommage pour le premier propriétaire, à la charge de rembourser une portion proportionnelle de la dépense.

Il y a d'autres servitudes qui se rapportent au régime des eaux.

Nous ne parlerons pas du marchepied qui, aux termes de l'art. 650 du Code Napoléon, doit être laissé le long des rivières navigables ou flottables, parce que cette disposition intéresse plus la navigabilité que l'agriculture; mais nous signalerons un abus fréquent qui détériore les petits cours d'eau, rétrécit, contourne leur lit et les oblige, à la moindre crue, à s'ouvrir une voie à travers les champs et les prairies. Les riverains, sous prétexte de défendre leur terre, mais en réalité pour l'agrandir en arrêtant par des obstacles artificiels les vases que les flots charrient, la bordent de peupliers ou de saules au pied desquels se forment des atterrissements successifs. Nous demandons que pour assurer le libre écoulement des eaux, les préfets aient le droit formel d'interdire, par un règlement, toutes plantations sur les berges et d'ordonner l'arrachage de celles existantes en deçà de la distance que ces règlements auront fixée. Ce droit résulte en termes généraux des lois existantes ; néanmoins, nous croyons qu'il vaut mieux l'énoncer expressément dans le Code rural.

TITRE II. — DES RIVIÈRES NAVIGABLES OU FLOTTABLES.

Nous diviserons ce titre en quatre chapitres.

Nous examinerons, dans le premier, ce qu'on doit entendre par rivières navigables ou flottables;

Dans le deuxième, à qui appartient l'administration de ces rivières;

Dans le troisième, nous traiterons des concessions d'eau faites aux particuliers ou aux compagnies;

Dans le quatrième, de l'endiguement.

CHAPITRE Iᵉʳ — *Quels sont les cours d'eau navigables ou flottables?*

L'art. 41, tit. XXVII, de l'ordonnance de 1669 ne rangeait dans le domaine public que *les rivières portant bateaux de leur fond, sans artifices ni ouvrages de mains.*

Cette restriction n'a été reproduite ni par la loi du 22 novembre 1790 ni par le Code Napoléon. Il suffit désormais, pour rendre une rivière domaniale, que la navigation y ait été établie, même à l'aide d'écluses.

Mais où commence la domanialité? Si une rivière n'est navigable que dans une partie de son cours, doit-elle néanmoins être considérée comme appartenant au domaine public dans toute son étendue?

Cette question a été généralement résolue d'une manière négative. Un arrêt du Conseil, en date du 9 novembre 1650, avait déclaré que la Loire n'était pas domaniale au-dessus de Roanne, où elle ne portait point bateaux. Cette décision fut confirmée par un édit d'avril 1683. Un arrêt du 9 novembre 1694 et une déclaration du 13 août 1709 avaient consacré le même principe à l'égard de la Garonne. La Cour de cassation s'est prononcée dans le même sens d'une manière générale, les 29 juin 1813 et 23 août 1819.

Cependant on reconnaît que les bras des rivières navigables ou flottables, quoiqu'ils ne le soient pas eux-mêmes, doivent être considérés comme des dépendances du domaine de l'État, ainsi que cela résulte de deux arrêts rendus, l'un par l'ancien Conseil du roi, le 10 août 1694, l'autre par le Conseil d'État, le 22 janvier 1824. On se fonde sur le préjudice que des entreprises particulières pourraient porter à la navigabilité, si on leur permettait d'opérer des dérivations dans ces cours d'eau accessoires, détachés des grandes rivières.

Aucun doute ne s'élève sur le droit afférent à l'État de rendre, par des travaux, navigable un fleuve ou une rivière qui ne l'est point. Les indemnités dues en ce cas aux riverains sont déterminées par les dispositions du décret du 22 janvier 1808 et de la loi du 15 avril 1829.

Quant aux rivières flottables, elles ne sont point classées dans le domaine public si le flottage ne peut y être pratiqué qu'à *bûches perdues*. Ainsi l'ont décidé, à diverses reprises, le Conseil d'État et la Cour de cassation. La loi du 15 avril 1829 n'a également établi le droit de pêche de l'État que *sur les rivières navigables ou flottables par bateaux, trains ou radeaux.*

La domanialité s'étend aux *noues, boires, fossés*, qui conservent constamment une communication libre avec les rivières domaniales, et où l'on peut, en tout temps, pénétrer avec des bateaux de pêcheur; mais non aux canaux et fossés particuliers qui existent dans les propriétés riveraines, et qui sont destinés à leur exploitation.

Les fossés des places de guerre font aussi partie du domaine public.

CHAPITRE II. — *De l'administration des cours d'eau naviga-*
bles ou flottables.

C'est au chef suprême de l'Etat, gardien des intérêts généraux du pays, qu'appartient l'administration des eaux
domaniales. Il y pourvoit, ou par lui-même au moyen de
décrets et de règlements d'administration publique, délibérés
en Conseil d'Etat, ou par l'intermédiaire des ministres, des
préfets, sous-préfets, employés des ponts-et-chaussées, commissaires et inspecteurs de la navigation.

Avant 1789, le droit de faire des règlements sur la police
des eaux était exercé, non-seulement par le roi en son Conseil,
mais encore par les parlements, les assemblées d'Etats, les
grands maîtres des eaux et forêts, les intendants des provinces. Ces règlements sont encore en vigueur pour toutes celles
de leurs dispositions que les lois nouvelles n'ont point abrogées. Il en résulte une confusion d'autant plus grande, que
plusieurs de ces règlements n'étaient obligatoires que dans
une partie de la France, et qu'ils n'ont pas même été pro-
mulgués dans toutes les localités auxquelles ils devaient s'appliquer. Il est essentiel de faire cesser cette divergence,
de rassembler en un seul corps et de publier de nouveau
tout ce qui doit être maintenu.

Nous pensons également qu'il est nécessaire de définir dans
quels cas les règlements doivent émaner de l'autorité souveraine, ou de celle des ministres ou des préfets. L'infraction à
ces règlements donnant lieu même à des peines, la liberté
civile est aussi intéressée à ce que la loi détermine avec pré-
cision un pouvoir qui tient de si près au pouvoir législatif. Il
ne faut pas oublier toutefois que les besoins diffèrent suivant
les localités; que des règles trop absolues, trop générales,
rencontreraient dans leur application des difficultés inextrica-
bles; les prescriptions qui conviennent à un cours d'eau, sou-

vent ne conviennent pas à un autre. On doit donc laisser une
large part à l'action départementale.

CHAPITRE III. — *Des concessions d'eau dans les rivières
navigables ou flottables.*

En principe, les rivières domaniales et leurs dépendances
sont inaliénables et imprescriptibles. La vente même qu'en
ferait l'Etat serait frappée d'une nullité absolue. Aussi a-t-il
toujours été défendu, ainsi que l'attestent les plus anciens
monuments de notre législation, d'établir sur ces rivières ni
prises d'eau, ni ouvrages quelconques, sans une autorisation
du gouvernement. L'art. 44, titre XXVII, de l'ordonnance de
1669, est conçu en ces termes : « Défendons à toutes personnes de détourner l'eau des rivières navigables et flottables,
ou d'en affaiblir le cours par tranchées, fossés ou canaux, à
peine contre les contrevenants d'être punis comme usurpateurs et les choses réparées à leurs dépens. »

Cette prohibition semblait avoir été levée par l'art. 4, section 1re, de la loi du 6 octobre 1791, dont voici le texte : « Nul
ne peut se prétendre propriétaire exclusif d'un fleuve ou d'une
rivière navigable ou flottable ; en conséquence, tout propriétaire riverain peut, en vertu du droit commun, y faire des
prises d'eau, sans néanmoins en détourner ni embarrasser le
cours d'une manière nuisible au bien général et à la navigation
établie. »

Cette disposition attribuait évidemment aux riverains la
faculté de dériver l'eau même d'une rivière domaniale, sans
les astreindre à une autorisation préalable. L'administration
n'avait que le droit de réprimer celles de ces entreprises qui
portaient préjudice aux services publics. Un arrêté du Directoire du 16 ventôse an VI remit en vigueur les anciens principes, en ordonnant aux administrations centrales « de veiller
à ce que nul ne détournât le cours des eaux des rivières ou
canaux navigables ou flottables, et n'y fît des prises d'eau ou

saignées pour l'irrigation des terrains, qu'après y avoir été autorisé par l'administration, et sans pouvoir excéder le niveau qui aurait été déterminé. »

Cet arrêté a été confirmé par l'art. 644 du code Napoléon, qui n'attribue au riverain le droit de se servir des eaux courantes pour l'irrigation de sa propriété, que si ces eaux ne sont pas *une dépendance du domaine public.*

Mais, si nul ne peut de son autorité privée opérer des dérivations sur des rivières navigables ou flottables, il est aussi de principe que le gouvernement, dépositaire et administrateur des propriétés domaniales, doit permettre aux particuliers de s'en servir pour améliorer leurs terrains ou former des établissements industriels, toutes les fois que cet usage n'est point contraire à l'intérêt général.

La destination principale des cours d'eau placés dans le domaine public, c'est de faciliter la circulation et le transport des denrées et des marchandises. Mais si l'intérêt de la viabilité, qui doit dominer tous les autres, peut se concilier avec l'intérêt de l'agriculture et celui de l'industrie, il est d'une bonne administration de permettre à l'activité privée d'utiliser ces mêmes eaux, soit pour féconder les champs par l'irrigation, soit pour les employer comme force motrice à la création de nouvelles usines.

Ces concessions étant subordonnées aux services publics ne sont point translatives de propriété; elles ne constituent qu'un titre provisoire essentiellement révocable.

Les formalités que doivent remplir les pétitionnaires ont été réglées, en ce qui concerne les usines, par des instructions ministérielles des 19 thermidor an VI, 16 novembre 1834 et 23 octobre 1851, et, pour les canaux d'irrigation et autres entreprises d'utilité publique, par l'ordonnance royale du 18 février 1834. Ces formalités pourraient être simplifiées. Il conviendrait aussi de fixer un délai de rigueur pour le dépôt des rapports des ingénieurs des ponts-et-chaussées qui sont chargés de la visite des lieux.

Toute concession permanente doit résulter d'un décret impérial, délibéré en Conseil d'Etat dans la forme des règlements d'administration publique. Les conditions générales ou particulières y sont spécifiées; elles varient nécessairement selon les lieux. Les tiers peuvent s'opposer à la concession dans le cours de l'enquête; mais, après que le décret a été rendu, ils n'ont d'autre voie que celle de se pourvoir en indemnité devant les Tribunaux.

Si la dérivation au profit d'une compagnie, ou même d'un seul individu, a pour objet un canal d'irrigation, et qu'elle ait assez d'importance pour être considérée comme entreprise d'utilité publique, le décret, après que toutes les formalités prescrites par la loi du 3 mai 1841 ont été remplies, accorde aux concessionnaires le droit d'exproprier tous les terrains occupés par les eaux dans leur parcours, et par les berges du canal et leurs francs bords.

Nous sommes d'avis de rendre ce droit commun aux arrosants qui, par suite de conventions avec les entrepreneurs, construiraient à leurs frais les canaux secondaires, mais seulement pour les terrains désignés comme devant être expropriés dans les plans annexés au décret de concession ;

D'autoriser au droit fixe d'un franc l'enregistrement de tous les actes concernant ces entreprises;

Et de supprimer la redevance que le gouvernement peut exiger pour prix de la concession, en vertu de la loi du 16 juillet 1840.

Le projet de loi du budget pour l'exercice 1858 a suppléé à une omission des lois antérieures. A l'avenir, « les taxes d'arrosage autorisées par le gouvernement, lorsqu'elles seront perçues au profit de concessionnaires de canaux d'irrigation, seront recouvrées dans les formes déterminées par les articles 3 et 4 de la loi du 14 floréal an XI, comme dans le cas où lesdites taxes seront perçues au profit d'associations de propriétaires intéressés; » c'est-à-dire de la même manière que les contributions directes.

Mais, quelque avantageuse que soit cette disposition aux concessionnaires, l'expérience a démontré qu'elle sera insuffisante pour leur faire obtenir des arrosants une juste rétribution. Un fait regrettable s'est produit trop souvent lorsqu'un nouveau canal d'irrigation a été ouvert. Après que l'entrepreneur, à grands frais, est parvenu à terminer ces travaux toujours si difficiles et si dispendieux, les propriétaires des champs situés dans la zône d'arrosage, certains que sans leur concours il ne pourra utiliser ce canal, se liguent entre eux, lui imposent une taxe bien inférieure au prix rémunérateur, ou s'abstiennent jusqu'à ce que sa ruine soit consommée et qu'ils se soient rendus acquéreurs pour une somme minime des ouvrages délaissés.

Comment remédier à ces coalitions que la loi pénale ne saurait atteindre? Nous ne voyons qu'un seul moyen efficace ; nous l'empruntons à la loi du 16 septembre 1807, qui est ainsi conçue :

« Art. 30. Lorsque, par l'ouverture d'un canal de navigation, par le perfectionnement de la navigation d'une rivière, par la construction d'un pont ou de quais, par l'ouverture d'une grande route ou de nouvelles rues, par la formation de places nouvelles ou par tous autres travaux publics généraux, départementaux ou communaux, ordonnés ou approuvés par le gouvernement, des propriétés privées auront acquis une notable augmentation de valeur, ces propriétés pourront être chargées de payer une indemnité qui pourra s'élever jusqu'à la valeur de la moitié des avantages qu'elles auront acquis ; le tout sera réglé par estimation dans les formes établies par la présente loi... »

« Art. 31. Les indemnités pour paiement des plus-values seront acquittées au choix des débiteurs en argent ou en rentes constituées à 4 %, ou en délaissement d'une partie de la propriété, si elle est divisible. Ils pourront aussi délaisser en entier les fonds, terrains ou bâtiments dont la plus-value donne lieu à l'indemnité ; et ce, sur l'estimation réglée d'après la valeur qu'avait l'objet avant l'exécution des travaux desquels la plus-value sera résultée. »

L'article 32 porte que ces indemnités ne sont exigibles qu'en vertu d'un règlement d'administration publique rendu sur le rapport du ministre, et après avoir entendu les parties intéressées.

Nous demandons que ce principe de la plus-value, tel qu'il est réglementé par ces articles, soit appliqué aux canaux d'irrigation dans l'intérêt des concessionnaires. Ceux-ci pourront s'en prévaloir, si, dans un délai déterminé par la loi, les propriétaires de la zone arrosable ne se sont pas soumis au paiement de la taxe. Le gouvernement, pour prémunir les arrosants contre les exigences des concessionnaires, a soin de fixer le maximum de cette taxe. N'est-il pas de toute justice qu'il protége aussi contre d'odieuses manœuvres des hommes qui ont employé leur intelligence, leur temps, leurs capitaux à augmenter la richesse de leurs adversaires eux-mêmes? Et quoi de plus équitable que d'attribuer une portion des valeurs nouvelles à celui qui les aura créées? »

CHAPITRE IV. — *Endiguement des rivières navigables ou flottables.*

En présentant, le 17 janvier 1842, à la Chambre des pairs, un projet de loi sur l'endiguement des fleuves et des rivières, le ministre des travaux publics s'exprimait ainsi : « Quel spectacle affligeant que celui de nos grands cours d'eau et surtout des torrents qui sillonnent le territoire de la France ? Partout où les eaux ne rencontrent pas des limites naturelles, elles étendent au loin, et au grand détriment de l'agriculture, un lit qu'elles encombrent de sables et de graviers stériles ; les rives sont périodiquement déchirées ; la propriété, incertaine, voit décroître sa valeur vénale et ses produits ; le fond, en s'exhaussant, prépare à l'avenir des malheurs plus grands encore... A l'exception de quelques points où la culture a su garder la part que la nature lui avait faite, l'homme a reculé partout devant l'impétuosité des eaux, ou plutôt devant les dépenses énormes qu'exigent les grands travaux de défense et d'entretien.

« Plus heureux et plus sages que nous, des pays voisins, soumis aux mêmes conditions, ont triomphé de ces dangers sans cesse renaissants, et la mer Adriatique reçoit des eaux qu'on a su contenir au milieu des terres fertiles qu'elles ont traversées... C'est uniquement à l'imperfection de nos lois et à l'absence de l'esprit d'association qu'il faut imputer les progrès du mal. »

Ce projet de loi, qui se composait de trente-deux articles, fut retiré à la suite d'un remarquable rapport de notre collègue, M. le comte d'Argout, qui en fit ressortir les imperfections. Le mal, demeuré sans remède, n'a fait que s'aggraver. Votre Majesté s'est vivement préoccupée de la question d'art. Nous dirons quelques mots sur la question légale.

Les travaux de défense contre les débordements des rivières sont de deux sortes :

Les uns ont pour objet la conservation des digues existantes ;

Les autres, la construction de digues nouvelles.

Les premiers sont réglés par d'anciennes ordonnances, par des décrets et arrêtés spéciaux qui ont constitué en associations les propriétaires intéressés, déterminé les attributions respectives des syndics et des autorités locales, la contribution aux dépenses, le mode de recouvrement des taxes. Il ne faut innover dans une matière si importante qu'avec une extrême circonspection. Néanmoins, à notre avis, il serait utile de rassembler ces divers documents, d'examiner quelles sont les dispositions susceptibles d'une application générale, et celles qu'il conviendrait de réviser ou de compléter.

Quant aux nouvelles digues, la législation tout entière repose sur l'article 33 de la loi du 16 septembre 1807, qui est ainsi conçu : « Lorsqu'il s'agira de construire des digues à la mer ou contre les fleuves, rivières et torrents navigables ou non navigables, la nécessité en sera constatée par le gouvernement et la dépense supportée par les propriétés protégées, dans la proportion de leur intérêt aux travaux, sauf les cas où le gouvernement croirait utile et juste d'accorder des secours sur les fonds publics. »

Cet article met exclusivement à la charge des propriétaires les frais de l'endiguement; si l'Etat concourt à la dépense, c'est sans y être obligé et pour n'accorder que de simples secours. Cependant ces travaux ont presque toujours un double résultat : s'ils protégent la propriété, ils viennent aussi en aide à la navigation.

Ne peut-il pas même se faire que des ouvrages destinés à améliorer les courants navigables, en donnant plus de force à l'action des eaux, nuisent à la propriété privée, accélèrent la corrosion des rives? Quoi de plus injuste que de faire supporter par quelques particuliers les frais d'entreprises d'utilité générale, dont le Trésor retire même, par les péages, un profit pécuniaire? Aussi la loi de 1807 n'a-t-elle jamais dans la pratique reçu cette interprétation fiscale, et chaque année un crédit considérable est inscrit au budget pour contenir les fleuves dans l'intérêt de la navigation intérieure. Le projet de loi de 1842 avait pour but une équitable répartition entre le gouvernement et la propriété riveraine; il réglait les formes à suivre pour constater l'utilité publique, pour réunir en sociétés syndicales les parties intéressées, assurer la bonne exécution des travaux, attribuer à qui de droit les terrains produits par l'endiguement. Si ces questions n'y recevaient pas toutes une solution désirable, elles sont trop importantes pour demeurer toujours indécises. On a depuis, il est vrai, suppléé à la loi par des décrets partiels, rendus à mesure que les travaux ont paru nécessaires dans les divers fleuves; mais le régime d'une loi générale est toujours préférable, lorsqu'il s'agit des garanties de la propriété.

TITRE III. — DES COURS D'EAU NON NAVIGABLES ET NON FLOTTABLES.

Nous diviserons ce titre en deux chapitres :

Nous traiterons, dans le premier, du pouvoir règlementaire de l'administration sur ces cours d'eau; dans le second, du curage.

CHAPITRE Ier.— *Du pouvoir règlementaire de l'administration sur les cours d'eau non navigables et non flottables.*

Quelle que soit l'opinion que l'on adopte sur la propriété des cours d'eau non navigables et non flottables, personne n'a jamais contesté à l'administration le droit d'en régler et d'en surveiller la jouissance.

Ce droit a une double cause : la première, c'est là nécessité de l'intervention de l'autorité pour prévenir ou régler les conflits entre les propriétaires supérieurs et inférieurs des deux bords opposés, qui se servent des eaux soit pour les irrigations, soit pour les usines ; la seconde, c'est l'intérêt de la société à ce que ces eaux soient en même temps bien contenues et bien dirigées, pour épargner au pays les fléaux des inondations et de l'insalubrité.

Les pouvoirs conférés à l'administration sur les cours d'eau non navigables et non flottables sont définis par les lois suivantes :

Loi du 22 décembre 1789.

« Elle charge les administrations de département de veiller à la conservation des rivières, » sans distinguer si elles sont navigables, flottables ou non.

Loi du 20 août 1790.

« Elle prescrit à ces administrations de rechercher et indiquer les moyens de procurer le libre cours des eaux, d'empêcher que les prairies ne soient submergées par la trop grande

élévation des écluses des moulins, ou par les autres ouvrages
d'art établis sur les rivières ; de diriger, autant que possible,
toutes les eaux de leur territoire vers un but d'utilité générale, d'après les principes de l'irrigation. »

Loi du 6 octobre 1791, titre II, article 16.

« Elle déclare les propriétaires et fermiers des moulins et
usines construits sur les cours d'eau, garants de tous dommages
causés aux chemins ou propriétés voisines par la trop grande
élévation du déversoir ou autrement, et leur enjoint de tenir
les eaux à la hauteur qui sera fixée par le directoire du département (le préfet), d'après l'avis du directoire du district (le
sous-préfet. »

Loi du 14 floréal an XI sur le curage; nous l'examinerons
en détail dans le chapitre suivant :

Code Napoléon ; article 645, qui, après avoir déféré aux
Tribunaux la connaissance des différentes contestations entre
les propriétaires auxquels peuvent être utiles les eaux non
dépendantes du domaine public, ajoute : « Dans tous les cas,
les règlements particuliers et locaux sur le cours et l'usage des
eaux doivent être observés. »

Loi du 16 septembre 1807, article 27.

« Elle confie à l'administration publique la conservation des
digues contre les torrents, rivières et fleuves, et sur les bords
des lacs et de la mer, et la charge de poursuivre, par voie
administrative, toutes réparations et dommages comme pour
les objets de grande voirie. »

Tels sont les textes qui servent de fondement aux attributions de l'autorité sur les cours d'eau non navigables et non
flottables.

Sans être arrêtée ni par les titres des particuliers, ni par
d'anciennes possessions, ni même par des règlements antérieurs, elle fixe et modifie la hauteur des retenues, règle les
jours et heures des irrigations, la part afférente à chacun des
arrosants, ordonne l'enlèvement de tout ce qui peut s'opposer
au libre écoulement des eaux.

Son pouvoir, dans ces divers cas, est en quelque sorte discrétionnaire ; mais il est nécessité par les changements naturels qui surviennent sans cesse dans les rivières ; on ne pourrait le restreindre sans compromettre l'intérêt public.

Il n'est point entravé par la juridiction que l'article 645 précité confère aux Tribunaux. S'agit-il d'un cours d'eau à l'égard duquel l'administration n'a rien statué, les décisions judiciaires sont souveraines et reçoivent leur exécution pleine et entière, tant que l'administration s'abstient ; mais si un règlement est publié, même après la chose jugée, les Tribunaux sont tenus de s'y conformer. Ils peuvent, pour la cause spéciale qui leur est déférée, suppléer à ce que le règlement n'a pas prévu, mais non l'interpréter.

Il est à remarquer que si le litige avait lieu entre des propriétaires d'usines et se référait à la hauteur des eaux, l'incompétence des magistrats serait absolue ; car cette question appartient exclusivement à l'autorité administrative.

Mais résulte-t-il de ces textes que toute entreprise sur ces cours d'eau, tout barrage, tout établissement d'usine, soient frappés d'illégalité à défaut d'autorisation comme sur les rivières navigables ou flottables ? Ainsi l'a décidé le Conseil d'État, et nous sommes bien loin de combattre cette jurisprudence, qui depuis longtemps a cessé d'être contestée. Nous désirerions seulement que des questions d'une si haute gravité fussent résolues, non point par de simples inductions, mais par des dispositions formelles de la loi.

Ici nous croyons devoir appeler l'attention de Votre Majesté sur une clause qui se trouve reproduite dans tous les décrets de concession délivrés aux entrepreneurs d'usines, même sur les petits cours d'eau. L'administration se réserve le droit, pour l'exécution des travaux d'utilité publique reconnue, de retirer la concession, temporairement ou d'une manière définitive, sans aucune indemnité. Cette condition n'est-elle pas exorbitante ? Qu'on la stipule pour les grandes rivières, rien de plus naturel, de plus légitime. L'État accorde une faveur :

il peut, il doit se réserver la faculté de la révoquer, dès que cette faveur devient préjudiciable à la navigation. D'ailleurs, comme nous l'avons déjà dit, ces rivières sont inaliénables et imprescriptibles; la jouissance partielle concédée à des particuliers ne l'est jamais qu'à titre provisoire; mais en est-il de même des cours d'eau sur lesquels n'existe aucun service public? Le riverain qui emploie comme force motrice les eaux contiguës à sa propriété n'use-t-il point d'un droit? L'autorisation qui précède cet emploi n'a-t-elle pas uniquement pour but d'empêcher que les nouveaux ouvrages ne nuisent aux tiers? Si des circonstances imprévues rendent le retrait de la concession nécessaire, pourquoi l'Etat ne paierait-il point une indemnité d'expropriation comme dans tous les autres cas où, en formant un établissement d'utilité publique, il a besoin d'une propriété privée? Doit-il, pour s'exempter d'une indemnité éventuelle, priver de sécurité légale des usines dont la valeur s'élève à plusieurs milliards? Ces considérations acquièrent plus de force encore dans le cas où le retrait a lieu non au profit de l'Etat, mais de compagnies ou de particuliers concessionnaires de travaux d'utilité publique.

Nous voulons étendre et consolider toutes les prérogatives essentielles à l'autorité pour l'accomplissement de sa mission sociale; mais nous ne ferons qu'accroître sa force, en conciliant ces prérogatives avec la protection due à la propriété.

Nous n'avons pas besoin de faire observer qu'en vertu des principes déjà formulés à diverses reprises dans ce rapport, l'administration, nonobstant le retranchement de cette clause, conserverait le droit incontestable, soit de modifier, soit même de supprimer les ouvrages qu'elle aurait autorisés, si, par suite des changements naturels survenus dans la rivière, ces ouvrages devenaient nuisibles, et en ce cas aucune indemnité ne serait due au propriétaire de l'établissement industriel; car sa jouissance est toujours subordonnée à la condition de ne préjudicier, ni aux tiers, ni au public.

Un grave abus a été depuis longtemps signalé par le congrès

central d'agriculture; on reproche à ceux qui exploitent les usines sur les cours d'eau, d'élever arbitrairement la hauteur de leur barrage de retenue, et d'inonder ainsi à la moindre crue les propriétés voisines. Une circulaire ministérielle du mois d'octobre 1851, provoquée par de plaintes nombreuses, a recommandé aux ingénieurs des ponts-et-chaussées de veiller à ce que les débouchés des vannes de décharge soient toujours calculés de manière à laisser écouler librement les eaux de la rivière prête à déborder, comme si l'usine n'existait pas. D'autre part, l'article 457 du Code pénal inflige une amende et même, si le délit a occasionné des dégradations, un emprisonnement de six jours à un mois, à ceux qui, par l'élévation du déversoir de leurs eaux au-dessus de la hauteur fixée par l'autorité compétente, inondent les chemins ou les propriétés d'autrui. Lorsque nous nous occuperons de la police rurale, nous examinerons si ces moyens de répression sont ou non suffisants.

Quoi qu'il en soit, cette question est étrangère à celle du retrait des concessions, qui n'est jamais stipulé comme peine, et qui n'a pour but que de faciliter éventuellement des entreprises nouvelles d'utilité publique et d'en rendre l'exécution moins coûteuse. Jamais le gouvernement ne s'est prévalu de cette faculté excessive qu'il se réserve. Nous demandons à mettre le droit d'accord avec le fait, en replaçant dans la même situation que toutes les autres propriétés, des usines qui constituent la fortune de plusieurs milliers de familles et l'une des principales richesses du plus grand nombre des départements de France.

Tout ce que nous avons dit au chapitre précédent sur la nécessité de réviser et de coordonner les anciens règlements, de simplifier les formalités prescrites par les instructions ministérielles, s'applique aux cours d'eau non navigables et non flottables, ainsi que toutes les autres dispositions relatives aux canaux d'arrosage.

CHAPITRE II. — *Du curage des rivières non navigables ni flottables.*

On se plaint depuis longtemps, dans toute la France, du mauvais état des cours d'eau non navigables et non flottables. Presque partout, faute d'entretien, le lit s'exhausse et s'obstrue par des dépôts de graviers et de terres d'alluvion, que les racines des plantes et des arbres arrêtent et consolident ; les riverains le resserrent pour défendre et agrandir leur propriété. Les eaux ainsi pressées franchissent leurs berges, même à la suite de pluies ordinaires, submergent les prairies, forment des mares, endommagent les récoltes et compromettent la salubrité publique. On évalue à plusieurs millions les pertes annuelles qui en résultent.

Ces dégâts proviennent à la fois de l'insuffisance et de l'inexécution de la loi du 14 floréal an XI. Cette loi ne renferme qu'un très-petit nombre de dispositions. Elle porte « que le curage doit être fait de la manière prescrite par les anciens règlements ou d'après les usages locaux. Si leur application éprouve des difficultés, il y est pourvu par un règlement d'administration publique, rendu sur la proposition du préfet. Les frais sont répartis proportionnellement à l'intérêt de chaque imposé dans les travaux ; les rôles, dressés sous la surveillance du préfet, sont rendus exécutoires par lui et recouvrés par les mêmes voies que les contributions directes.

La loi de l'an XI ne met à la charge des intéressés que les frais de curage ; et l'expérience démontre que cette opération serait presque toujours inefficace, si on ne régularisait le cours d'une rivière ou d'un ruisseau ; ce qui oblige à *creuser, élargir* ou *redresser* son lit.

Le décret du 25 mars 1852 sur la décentralisation a suppléé en partie à ces lacunes. L'article 1er, après avoir déclaré que les préfets continueront de soumettre à la décision du ministre de l'intérieur les affaires départementales et communales qui affectent directement l'intérêt général de l'Etat, ajoute : « Ils statueront désormais sur toutes les autres affaires départementales et communales qui exigeraient la décision du chef de l'Etat ou du ministre de l'intérieur, et dont la nomenclature est fixée par le tableau A. »

Ce tableau comprend, n° 51 : « les cours d'eau non navigables ni flottables, en tout ce qui concerne leur *élargissement* et leur curage. »

L'article 4 porte : « que les préfets statueront également sans l'autorisation du ministre des travaux publics, mais sur l'avis ou la proposition des ingénieurs en chef et conformément aux règlements ou instructions ministérielles sur tous les objets mentionnés dans le tableau D. »

Le n° 5 de ce tableau est ainsi conçu : « Dispositions pour assurer le curage et le bon entretien des cours d'eau non navigables ni flottables de la manière prescrite par les anciens règlements ou d'après les usages locaux ; réunion, s'il y a lieu, des propriétaires intéressés en associations syndicales. »

Noüs n'examinerons pas s'il existe ou non quelque divergence entre ces deux articles; nous nous bornerons à remarquer que le décret place les opérations du curage dans le ressort de deux départements ministériels. Pour éviter tout conflit, il faut que les préfets et les ingénieurs n'aient à prendre les ordres que d'un seul ministre.

Nous croyons aussi que lorsque le curage exige des expropriations de terrains, on doit les faciliter en suivant le mode adopté par la loi du 21 mai 1836 sur les chemins vicinaux.

Il peut arriver que le lit ait été presque entièrement comblé par des atterrissements successifs. Les eaux, ne rencontrant plus une pente naturelle, cessent de s'écouler, se répandent dans les campagnes et y forment des mares infectes. Il faut alors creuser le lit à nouveau; les ouvrages, devenus difficiles et plus dispendieux, acquièrent l'importance d'une entreprise d'utilité générale. La commune est tenue d'y concourir aux termes de l'article 35 de la loi du 16 septembre 1807, car ce n'est plus une simple opération de curage, c'est un véritable dessèchement qui intéresse la salubrité publique. Les formalités à suivre sont prescrites par les articles 36 et 37 de cette loi.

TITRE IV. — DES EAUX PLUVIALES ET DES SOURCES.

Ce titre se divise naturellement en deux chapitres.

CHAPITRE Ier. — *Des eaux pluviales.*

Les eaux pluviales appartiennent à celui sur le fonds de qui elles tombent. Il a le droit ou de les recueillir ou de les employer à son profit, ou de les laisser écouler sur le fonds inférieur.

Il ne perd point ce droit par le non-usage. Il ne cesse d'être propriétaire de ces eaux que s'il les a concédées par titre, ou si son voisin les a prescrites par une possession trentenaire, commencée à l'aide de travaux apparents pratiqués sur le fonds supérieur.

Quant aux eaux pluviales qui coulent sur les chemins publics, elles sont au premier occupant. Chaque riverain peut les faire déverser sur son héritage pourvu que la viabilité n'en souffre point. Cette jouissance, quelle qu'en soit la durée, n'est que précaire ; elle ne fait point obstacle à ce qu'un autre riverain n'attire ces eaux dans son champ.

Tels sont les droits individuels ; la jurisprudence les a établis au défaut de la loi.

Envisagées sous un autre point de vue, les eaux pluviales méritent de fixer toute notre attention. Les débordements ont une double cause : la fonte des neiges et les pluies torrentielles. La fonte des neiges ne donne lieu presque jamais qu'à des crues régulières et sans danger. Les grandes inondations

proviennent surtout des eaux pluviales. Votre Majesté, dans
la mémorable lettre qu'elle a adressée l'année dernière à son
ministre des travaux publics, a signalé les barrages de retenue
près de la source des rivières, comme le moyen le plus efficace d'empêcher l'agglomération subite des eaux et de diminuer l'intensité des crues. Ne conviendrait-il pas d'appliquer
le même système aux eaux pluviales dans les communes où
la situation des lieux permet de le faire? Ces eaux rassemblées
et contenues dans de vastes réservoirs, d'où elles ne s'écoule-
raient que lentement par des fossés évacuateurs sagement
combinés, au lieu d'occasionner des désastres, deviendraient
une ressource précieuse pour l'agriculture, qui trouverait à la
fois dans ces lacs artificiels, un dépôt de limons fertilisants,
et une réserve pour l'irrigation aux époques de sècheresse.
Les travaux ne pourraient être exécutés qu'en vertu d'un décret rendu dans la forme des règlements d'administration publique, à la suite d'enquêtes et de délibérations des Conseils
municipaux. La dépense serait répartie entre les particuliers
intéressés d'après un rôle dressé par le préfet de la manière
prescrite par la loi du 14 floréal an XI. Ce décret déterminerait,
s'il y avait lieu, la part contributive de la commune et de
l'Etat. Un fonds spécial serait à cet effet inscrit chaque année
au budget.

Les torrents qui proviennent des pluies ou de la fonte des
neiges, et qui tarissent pendant une partie de l'année, constituent des propriétés privées; ils appartiennent en commun aux
riverains des deux bords. Ils ne sont assimilés aux cours d'eau
permanents que pour l'entretien des digues, d'après une disposition de la loi du 16 septembre 1807. Le Code sarde les range
dans le domaine public. Si l'on n'adoptait point cette législation, il nous semble qu'il serait au moins essentiel de conférer
aux autorités administratives les mêmes droits de règlementation et de police sur les torrents que sur les rivières non
navigables et non flottables.

CHAPITRE II. — *Des sources.*

Le Code Napoléon, relativement aux sources, n'a fait que reproduire la législation préexistante. L'eau est l'accessoire de l'héritage où elle prend naissance ; la propriété de l'un entraîne la propriété absolue de l'autre. Le maître du fonds peut disposer de la source comme il le veut, la retenir en entier, et même la détourner au détriment des propriétaires inférieurs.

Cette règle reçoit deux exceptions :

La première, lorsque ces propriétaires ont acquis par titre ou par prescription des droits aux eaux de la source ;

La seconde, lorsque ces eaux sont nécessaires aux habitants d'une commune.

La prescription (art. 642 du Code Napoléon) ne s'acquiert « que par une jouissance non interrompue pendant l'espace de trente ans, à compter du moment où le propriétaire du fonds inférieur a fait et terminé des ouvrages apparents destinés à faciliter la chute et le cours de l'eau dans sa propriété. »

Il semble résulter du texte et de la discussion du Code, qu'il suffit, pour prescrire, *de travaux exécutés sur le fonds inférieur ;* mais la jurisprudence a décidé, avec raison, que, pour constituer une servitude sur les eaux d'une source, les ouvrages doivent être faits sur le fonds même où elles naissent. Une rédaction plus précise dissipera tous les doutes.

Si la propriété où naît la source vient à être divisée en plusieurs parcelles par des ventes ou des partages, aucun changement n'est apporté à l'état des lieux, à moins de stipulation contraire. On applique en ce cas les principes relatifs aux servitudes fondées sur la destination du père de famille.

Les droits du propriétaire demeurent les mêmes, quoique la source serve à alimenter une rivière même navigable ou flottable. Les règlements administratifs sur l'usage des eaux ne sont point obligatoires pour lui, à moins qu'ils ne soient destinés à prévenir les inondations, ou la stagnation des eaux dans l'intérêt de la salubrité publique.

Cette jouissance absolue ne peut être réclamée au profit des fonds inférieurs, qui sont assujettis aux règles définies dans le titre précédent.

TITRE V. — DES EAUX STAGNANTES.

Ce titre peut être divisé en trois chapitres :
Le premier aura pour objet *les marais ;*
Le second, *les étangs* et *les rizières ;*
Le troisième, *le drainage.*

CHAPITRE Ier. — *Des marais.*

Les marais non-seulement frappent de stérilité des terrains presque toujours fertiles, mais encore, par leurs exhalaisons putrides, ils énervent et déciment les populations. La superficie du sol marécageux de la France est évaluée approximativement à *six cent mille hectares.* Henri IV avait embrassé avec ardeur le projet de convertir ce vaste foyer d'infection en prairies ou en champs arables. Il rendit dans ce but plusieurs édits, fit venir l'un des plus habiles ingénieurs de la Hollande, et lui concéda la moitié des marais domaniaux, à la charge d'en opérer le desséchement. Le même privilége lui était accordé sur les marais des particuliers, si les propriétaires ne déclaraient pas, dans le délai de deux mois, vouloir les dessécher eux-mêmes. Cette grande entreprise, entravée par une multitude de contestations et de procès, et par l'insuffisance des capitaux, ne reçut qu'une exécution partielle. Diverses tentatives faites sous les gouvernements postérieurs rencontrèrent les mêmes obstacles. Les décrets de l'Assemblée constituante et de la Convention, qui ordonnaient le desséchement aux frais de l'Etat de tous les marais reconnus insalubres, ne furent point appliqués. Cette matière si difficile devint sous l'Empire l'objet d'études approfondies, à la suite dosquelles fut promulguée la loi fondamentale du 16 septembre 1807. Cette loi, dont toutes les dispositions sont encore aujourd'hui en vigueur, commence par proclamer le droit de l'Etat de prescrire les dessèchements qu'il juge utiles ou nécessaires. Elle déclare que les travaux seront exécutés, ou par l'Etat ou par des concessionnaires, mais en accordant toujours la préférence aux propriétaires, s'ils s'obligent à se conformer aux plans, aux conditions et aux délais déterminés par le gouvernement.

Voici quelles sont les principales formalités qu'elle prescrit :

Constitution des propriétaires en syndicats; nomination, par le préfet, des syndics qu'il choisit parmi les plus imposés à raison des marais à dessécher, désignation d'un expert par les syndics, d'un autre expert par les concessionnaires, et d'un tiers expert par le préfet; division du terrain marécageux en plusieurs classes, dix au plus, cinq au moins, d'après les divers degrés d'inondation;

Dépôt du plan, pendant un mois, au secrétariat de la préfecture; avertissement par affiches aux parties intéressées d'en prendre connaissance et de fournir leurs observations; renvoi de toutes les contestations, moins celles de propriétés réservées aux tribunaux ordinaires, devant une commission spéciale composée de sept membres nommés par l'Empereur;

Estimation par les experts de chacune des classes composant le marais d'après sa valeur actuelle;

Dépôt pendant un mois du rapport à la préfecture, affiches, renvoi des réclamations devant la commission qui les juge, et qui, dans tous les cas, homologue l'expertise ou la modifie;

Reconnaissance et réception des travaux après le dessèchement. Si des différends s'élèvent, nouveau renvoi devant la commission, qui décide;

Classification par les experts, assistés des ingénieurs, des fonds desséchés suivant la valeur qu'ils ont acquise;

Mêmes formalités à remplir que pour la classification et l'estimation des marais avant le dessèchement ;

Division de la plus-value entre les propriétaires et les entrepreneurs dans les proportions fixées par l'acte de concession ;

Faculté attribuée aux propriétaires de se libérer, soit en délaissant une portion relative du fonds calculée sur le pied de la dernière estimation, soit en constituant une rente au taux de quatre pour cent.

Ces dispositions, en apparence si prévoyantes et si équitables, ont été inspirées sans aucun doute par un sentiment de profond respect pour le droit de propriété; il était néanmoins facile de pressentir que dans la pratique elles auraient soulevé de nombreuses difficultés, et que la loi serait demeurée sans exécution. En effet, quelle perspective offre-t-elle aux entrepreneurs? Ils ont conçu et dressé le projet de dessèchement, obtenu du préfet l'autorisation de faire les études, levé les plans, réuni les capitaux, et lorsque la concession est au moment de leur être accordée, que tout est prêt pour l'ouverture des travaux, les propriétaires des marais, jusqu'alors inactifs déclarent tout à coup qu'ils veulent les exécuter eux-mêmes. Aussitôt les entrepreneurs sont évincés, et que leur reste-t-il pour dédommagement de tant de soins, de peines, de sacrifices? une action presque toujours litigieuse contre ces propriétaires en restitution de leurs déboursés ?

Supposons qu'ils aient échappé à ce premier danger. Les voilà engagés dans un dédale inextricable de formes, que des incidents de toutes sortes peuvent compliquer de plus en plus. On a dit avec raison que sous l'empire de cette loi, pour mener à terme un dessèchement, il ne suffisait pas d'être un habile ingénieur, il fallait être un jurisconsulte bien plus habile encore.

Enfin cette entreprise si laborieuse, sujette à tant de risques, est heureusement terminée. Qui en profitera? Les propriétaires des marais reprennent les terrains à peine desséchés, et en expulsant les concessionnaires, ils ne sont tenus de ne leur payer qu'une portion de la plus-value de ces terrains en une rente annuelle constituée au quatre pour cent, le capital n'étant jamais exigible, et cela dans le cas même où ce capital serait de beaucoup inférieur à la dépense! Faut-il donc être surpris que personne n'ait voulu s'engager dans une semblable spéculation? Si une compagnie de dessèchement a fonctionné pendant quelques années, c'est qu'elle était parvenue, chose fort rare, à s'entendre avec tous les propriétaires, qu'elle s'était ainsi dégagée d'avance des entraves de la loi de 1807, et encore ces opérations ont-elles été généralement ruineuses.

Cette loi nous semble donc, en ce qui concerne les marais, devoir être entièrement refondue. Mais que faut-il lui substituer? Votre Majesté appréciera le système que nous allons lui présenter.

Plus de la moitié des départements de la France est infectée par des marais dont la contenance varie de *mille à quarante mille hectares* par département. Il y a donc un intérêt du premier ordre engagé dans cette question. La coopération active des agents de l'Etat et les ressources du trésor dans une juste proportion, ne sauraient être mieux employées qu'à délivrer le pays de ce fléau.

Cela posé, le gouvernement conserverait la faculté que lui attribue l'article 1er de la loi du 16 septembre 1807, d'ordonner les dessèchements qu'il jugerait utiles ou nécessaires. Un décret spécial serait rendu à cet effet, dans la forme des règlements d'administration publique, après une délibération du conseil municipal du lieu et une enquête, les propriétaires dûment appelés.

Les projets de dessèchement seraient dressés aux frais de l'Etat par les ingénieurs des ponts-et-chaussées et approuvés par le ministre des travaux publics, qui, en cas de nécessité absolue, serait autorisé par une loi à accorder aux concessionnaires le concours de l'Etat.

Le cahier des charges étant arrêté, le préfet convoquerait

11

les propriétaires en assemblée générale et les avertirait de dé-
clàrer, dans un délai fixé par lui, s'ils consentent à se charger
eux-mêmes du dessèchement. L'assemblée nommerait des syndics qui procéderaient aux recherches nécessaires pour éclairer la décision définitive, et après l'acceptation, feraient exécuter les travaux sous la surveillance des ingénieurs des ponts-
et-chaussées. En ce cas, la procédure ultérieure serait facile
à régler.

S'il y avait refus ou formel ou tacite par l'expiration des délais, le gouvernement poursuivrait l'expropriation des terrains
marécageux conformément à la loi du 3 mai 1841. Maître du sol,
il trouverait sans peine des compagnies sérieuses, qui se ren-
draient avec empressement concessionnaires de ces entreprises
affranchies de toutes complications administratives ou judiciaires.

Dans cette hypothèse, les obstacles légaux disparaissent, et
il n'y a plus à accomplir que l'œuvre matérielle du dessèchement. Peut-être ce mode si simple aurait-il prévalu même en
1807, si à cette époque l'expropriation forcée pour cause d'u-
tilité publique avait été pratiquée d'une manière aussi large,
et avait offert aux propriétaires autant de sécurité que depuis
la promulgation de la loi de 1841.

Un autre cas peut se présenter, la loi de 1807 ne l'a point
prévu : c'est celui où, de son propre mouvement, la majorité
des propriétaires des marais demande à les dessécher. Peut-
elle être arrêtée par l'opposition ou le refus de concours de la
minorité ou d'un seul des ayants-droit? Un édit d'Henri IV du
8 avril 1599 contenait les dispositions suivantes :

« D'autant que plusieurs palus et marais appartenant en
commun à divers propriétaires, ou se trouvent tellement mes-
lez et enclavez les uns parmy les autres qu'il seroit impossible
auxdits propriétaires de les dessécher, sinon conjointement et
d'une même opération de levées, fosses, moulins à tirer les
eaux et autres engins, voulons et ordonnons que où lesdits
propriétaires seroient de différents avis pour le fait dudit des-

sèchement, la voix des propriétaires ayant la plus grande partie des marais emporte celle de la moindre part. »

Nous pensons que ce principe doit être appliqué, mais conformément aux règles exposées dans notre premier rapport sur le concours forcé des propriétaires aux travaux d'intérêt commun. Ces règles nous paraissent suffisantes pour protéger les droits de la minorité.

L'Etat pourrait assurer à ces associations spontanées de propriétaires le même concours qu'aux compagnies de dessèchement.

Les marais desséchés seraient de plein droit exempts de tout accroissement d'impôt pendant vingt-cinq ans, ainsi que l'avaient stipulé l'article 5, titre III, du décret du 1er décembre 1790, et l'article 11 de la loi du 5 janvier 1791 ; et sans encourir la déchéance prononcée par l'article 117 de la loi du 3 frimaire an VII.

CHAPITRE II. — *Des étangs èt rizières.*

Si les étangs ne sont pas aussi nuisibles que les marais, ils n'en exercent pas moins une influence pernicieuse sur la santé publique. Partout où une spéculation désastreuse les a multipliés, la constitution des habitants des campagnes s'est altérée, et la durée moyenne de leur existence a été considérablement diminuée.

Cet état de choses appelle toute l'attention du législateur.

Aucune loi n'interdit d'une manière expresse la formation des étangs, mais l'autorité administrative a le droit d'en ordonner le dessèchement, en vertu de la loi du 11 septembre 1792, « lorsque ces étangs peuvent occasionner des maladies épidémiques et épizootiques, ou que, par leur position, ils sont sujets à des inondations qui envahissent et ravagent les propriétés inférieures. »

Une opération d'une importance extrême pour les champs limitrophes, c'est la fixation de la hauteur de la décharge des

étangs, puisque, aux termes de l'article 538 du code Napoléon, le propriétaire de l'étang l'est aussi du terrain que l'eau
couvre quand elle est à cette hauteur. La fixation doit être
faite par le préfet.

Une loi récente a institué une procédure économique et
sommaire pour dessécher les étangs du département de l'Ain,
où des servitudes nombreuses ont créé une sorte d'indivision
entre les ayants-droit et le propriétaire. Ne faudrait-il pas
généraliser l'application de cette loi, et l'étendre partout où se
produisent les mêmes circonstances?

Les rizières sont aussi une cause d'infection. Le projet de
code rural de M. de Verceil ne permettait de les établir qu'en
vertu d'une autorisation du gouvernement, délibérée en Conseil d'Etat ; et seulement sur les terrains non susceptibles
d'aucun autre produit proportionné aux frais de culture, et
hors le voisinage des habitations. Il avait emprunté ces prohi-
bitions à des édits rendus dans les Etats de Sardaigne les 26
février 1728 et 3 août 1792.

Nous pensons que la faculté de permettre l'établissement des
rizières après une enquête administrative, doit être laissée
aux préfets qui prescriront, dans chaque localité, les mesures
nécessaires pour diminuer autant que possible l'influence pernicieuse de cette culture sur la santé publique.

Chapitre III. — *Du drainage.*

Les lois du 10 juin 1854 et du 17 juillet 1856 sur le drainage sont trop récentes pour devoir être modifiées. Nous crai-
gnons toutefois que, dans l'état de morcellement où se trouve
la propriété rurale, le refus de concours de plusieurs propriétaires qui profiteraient gratuitement des travaux d'autrui, et
recevraient même une indemnité pour le passage des eaux,
ne soit un grand obstacle au développement du drainage. Ne
convient-il pas de déclarer qu'en évaluant cette indemnité,
on prendra toujours en considération la plus-value que pourra

acquérir le fonds servant, et même d'adopter les mesures que nous avons proposées pour le concours forcé des propriétaires aux travaux d'intérêt commun?

La loi du 10 juin 1854, qui est une loi de principe, devra, dans tous les cas, trouver place au Code rural.

TITRE V. — DE LA COMPÉTENCE.

Le principe de la séparation absolue du pouvoir administratif et du pouvoir judiciaire est l'un des plus essentiels de notre droit politique. Proclamé par la loi du 24 août 1790, il fut encore plus expressément formulé en ces termes dans la loi du 16 fructidor an III.

« Défenses itératives sont faites aux Tribunaux de connaître des actes d'administration, de quelque espèce qu'ils soient. »

Le Conseil d'Etat et la Cour de cassation ont sanctionné ce principe par des décisions nombreuses; néanmoins, la ligne qui divise les deux pouvoirs est souvent très-difficile à tracer.

L'autorité administrative a sur les eaux deux sortes d'attributions :

Par voie de règlement, elle prescrit toutes les mesures qu'exige l'intérêt public ainsi que l'intérêt collectif des propriétaires. Ses fonctions, sous ce premier rapport, sont entièrement distinctes des fonctions judiciaires.

Mais elle a souvent aussi à prononcer sur les contestations, soit des particuliers entre eux, soit de ceux-ci avec l'Etat. Elle devient alors un véritable Tribunal ; elle se constitue en conseil de préfecture. Ici s'élèvent de sérieuses difficultés pour déterminer les différends qui doivent être soumis à cette juridiction spéciale et ceux qui sont du ressort exclusif des Tribunaux ordinaires.

La loi du 28 pluviôse an VIII, en créant les Conseils de préfecture, a spécifié les objets litigieux dont la connaissance leur est déférée; elle semblait donc avoir posé les limites dans lesquelles leur action devait être renfermée : mais la jurisprudence l'a étendue d'une manière presque indéfinie. De là une confusion qu'il est indispensable de faire cesser.

Nous ne nous dissimulons point combien cette œuvre est difficile. Il faut concilier deux principes également respectables :

L'indépendance de l'administration qui doit présider librement à l'exécution de ses propres actes,

La garantie de la propriété, qui a toujours été placée sous la sauvegarde de juges inamovibles.

Nous n'avons à nous préoccuper de ces graves questions que relativement aux eaux, et en cette matière les décisions du Conseil d'Etat sont si nombreuses, et depuis quelques années si homogènes, qu'il suffira presque de rassembler celles contenant des dispositions générales et de les convertir en articles de loi. Le soin de réunir et de coordonner ces éléments nous semble devoir être réservé exclusivement à ce Conseil.

Le principe dominant, c'est que les Tribunaux doivent statuer sur les rapports des particuliers entre eux et même de ceux-ci avec l'Etat agissant comme propriétaire ; mais toutes les fois que l'intérêt général se trouve mêlé à une contestation même privée, que l'action gouvernementale peut être entravée, la connaissance du litige appartient à la juridiction administrative.

Il y a lieu également à régler dans quels cas les actes administratifs peuvent être attaqués ou devant le Conseil de préfecture ou devant le Conseil d'Etat.

Quelle source de procès ne fera pas tarir une bonne législation sur la compétence !

Nous ne nous livrerons pas à de plus grands développements sur le régime des eaux ; nous ne devons pas oublier que notre mission nous interdit les détails, qu'elle consiste uniquement à poser les principes de la loi.

Notre troisième et dernier rapport aura pour objet la police rurale.

En terminant, qu'il nous soit permis d'insister sur la prompte exécution des projets dont nous avons retracé les inappréciables avantages. C'est sans doute une entreprise colossale que d'ouvrir des canaux d'arrosage partout où existe un cours d'eau assez volumineux pour les alimenter, et où on peut concilier l'intérêt de l'agriculture avec celui de l'industrie ; mais, nous en sommes convaincus, avec le concours de votre gouvernement, l'association triomphera de tous les obstacles.

Un crédit de cent millions a été voté l'année dernière pour propager le drainage. Les encouragements que l'irrigation recevra à son tour compléteront cette grande mesure, et tous les départements, quelle que soit la nature de leur sol, pourront profiter également de ces bienfaits.

Votre Majesté a prononcé naguère ces mémorables paroles que la France a recueillies avec bonheur ;

« Les progrès de l'agriculture doivent être un des objets de « notre constante sollicitude ; car de son amélioration ou de « son déclin datent la prospérité ou la décadence des empires. »

La réforme de notre législation rurale répond à cette noble pensée. Le Sénat est heureux d'en avoir pris l'initiative.

II.

DES IRRIGATIONS.

Dans un article savamment écrit et sagement conçu, comme tout ce qui sort de sa plume, M. DE PISTOYE a traité longuement, en 1844, la question générale *des irrigations* qui lui ont paru pouvoir être établies en vertu de la loi du 16 septembre 1807. Cette loi est tellement élastique, qu'on y a constamment trouvé l'origine de tous les projets d'intérêt général. Je ne partage point, en principe, l'opinion de mon honorable confrère, mais

je croirais fort utile, ainsi que l'a pensé le Sénat (1) ,
d'introduire dans une loi nouvelle des dispositions sur
le bienfaisant usage des eaux. M. DE PISTOYE rappelle
les paroles de son ancien professeur, un des créateurs
de la science administrative, M. MACAREL, qui disait,
dans une de ses leçons à la Faculté de droit de Paris :
« C'est un tort envers la Providence, et presqu'un
« crime envers la société, de laisser s'écouler à la mer
« une seule goutte d'eau, sans l'avoir utilisée au profit
« de l'agriculture ou des arts. »

La loi sur l'irrigation devra nécessairement s'harmoniser avec la législation sur le drainage. Elle se rattache aussi aux règles qui concernent le dessèchement
des marais ; ces règles ont déjà été l'objet d'une discussion dans le sein des chambres, il y a plusieurs
années. Tout le monde conçoit combien depuis un
demi-siècle les idées se sont agrandies sur ces divers
sujets.

Si mon *Essai sur le régime des eaux* reçoit un ac-
cueil favorable, si mes idées paraissent utiles et pratica-
bles, j'examinerai dans leur ensemble les dispositions
sur la *canalisation*, l'*irrigation* et le *drainage*. En y
joignant la *pêche fluviale*, la *navigation*, les *sources*, les
eaux pluviales, *étangs* et *marais*, je complèterai ainsi
l'œuvre dont je livre aujourd'hui les prémices à l'appréciation critique de tous les véritables amis des progrès
de l'agriculture et de l'amélioration de la propriété
rurale.

(1) Voy. *suprà*, p. 132.

TABLE

DES LIVRES, CHAPITRES, SECTIONS ET PARAGRAPHES.

——

LIVRE DEUXIÈME.

CHAPITRE PREMIER.

CHAPITRE DEUXIÈME.

APPENDICE.

TABLE CHRONOLOGIQUE

DES ÉDITS, LOIS, ORDONNANCES ET DÉCRETS.

(Législation existante.)

1669 (avril).
Ordonnance sur les eaux et forêts, p. 61.

1683 (avril).
Edit sur les cours d'eau navigables et flottables, p. 61.

1790 (12 août).
Loi en forme d'instruction sur le libre cours des eaux, p. 63 et 84.

(16 août).
Loi de compétence sur les entreprises sur les cours d'eau, p. 63.

(22 novembre).
Loi sur le domaine public, p. 62.

1791 (28 septembre).
Loi sur la police rurale, p. 63 et 85.

1792 (21 septembre).
Loi sur le maintien des lois existantes, p. 64.

An III (18 messidor).
Décret sur la trop grande élévation des eaux, p. 85.

An VI (19 ventôse).
Arrêté du directoire exécutif contenant des mesures pour assurer le libre cours des rivières navigables et flottables, p. 61.

An X (29 floréal).
Loi sur les contraventions de grande voirie, p. 68.

An XI (14 floréal).
Loi sur le curage des rivières non navigables, p. 85.

1804.
Code Napoléon, art. 538, p. 68 ; 644, p. 68 et 86 ; 645, 556, 557, 558, 559, 561, 562 et 563, p. 86.

1807 (16 septembre).
Extrait de la loi sur les dessèchements de marais, p. 36.

1808 (22 janvier).

Décret relatif aux chemins de halage, p. 69.

1829 (15 avril).
Loi sur la pêche fluviale, p. 69.

1834 (18 février).
Ordonnance sur les commissions relatives à l'exécution de travaux publics, p. 33.

1835 (6 juillet).
Loi accordant des crédits pour le perfectionnement de la navigation, p. 75.

(10 juillet).
Ordonnance qui désigne les cours d'eau navigables, p. 69.

1843 (24 juillet).
Budget, partie relative à la perception des redevances pour les prises d'eau dans les cours d'eau navigables, p 69.

1845 (29 avril).
Loi sur les irrigations ou servitudes de passage et d'écoulement, p. 87.

1847 (11 juillet).
Loi sur les irrigations ou droits d'appui, p. 88.

1850 (31 mai).
Décret qui désigne des cours d'eau navigables, p. 69.

1852 (25 mars).
Décret de décentralisation, p. 69 et 86.

1858 (28 mai).
Loi relative à l'exécution des travaux destinés à mettre les villes à l'abri des inondations, p. 24.

(15 août).
Décret portant règlement d'administration publique pour l'exécution de la loi du 28 mai 1858 sur les travaux de défense contre les inondations, p. 34.

TABLE DES MATIERES

PAR ORDRE ALPHABÉTIQUE.

Toulouse , imprimerie de A. CHAUVIN , rue Mirepoix, 3.

www.ingramcontent.com/pod-product-compliance
Lightning Source LLC
Chambersburg PA
CBHW060542210326
41519CB00014B/3310